太空漫游记

王旭东◎主编

黑龙江科学技术出版社
HEILONGJIANG SCIENCE AND TECHNOLOGY PRESS

图书在版编目（CIP）数据

太空漫游记 / 王旭东主编. -- 哈尔滨 : 黑龙江科学技术出版社, 2025. 4. -- ISBN 978-7-5719-2753-0

Ⅰ. P159-49

中国国家版本馆 CIP 数据核字第 2025YW1227 号

太空漫游记

TAIKONG MANYOU JI

王旭东　主编

责任编辑　赵雪莹
插　　画　上上设计
排　　版　文贤阁
出　　版　黑龙江科学技术出版社
地址：哈尔滨市南岗区公安街 70-2 号　邮编：150007
电话：（0451）53642106　传真：（0451）53642143
网址：www.lkcbs.cn
发　　行　全国新华书店
印　　刷　天津泰宇印务有限公司
开　　本　710 mm×1000 mm 1/16
印　　张　7.5
字　　数　78 千字
版　　次　2025 年 4 月第 1 版
印　　次　2025 年 4 月第 1 次印刷
书　　号　ISBN 978-7-5719-2753-0
定　　价　49.80 元

FOREWORD 前言

欢迎加入探索太空的队伍中，本次《太空漫游记》的探索之旅马上开始啦！不过想要成为一个航天员去探索太空可没有那么容易，你需要经受《太空漫游记》的各种考验。相信你们都能成为一名合格的航天员。

好，小小航天员们，你们准备好了吗？

发射进入倒计时：10，9，8，……3，2，1——发射！

啊哈，你想去征服火星！当然没问题，人类对太阳系的探索已经有很长时间了，让我们跟随科学家的探索足迹踏入太阳系，好好地看看水星、金星、土星、火星吧，相信你一定能做到！

啊，小行星急电，小行星探测已经开始了，那边更需要帮手，大家都一起去小行星吧！

下面，我们就去空间站啦！在失重的空间站中，品尝一下太空美食，顺便洗一次太空澡，种菜、做实验当然更是少不了。

不过要强调的是，这次太空之旅可不仅仅只有美好，还有艰巨的挑战，比如探测小行星。我们可不是去小行星上转一转，而是要采矿呢。对，你没看错，是采矿！

现在我相信你对《太空漫游记》有了一个了解，如果你还没有成为其中的一员，那我提醒你：太空无限，胆小勿入。

目录 CONTENTS

出发去太空

看看太阳系

探测小行星

漫游空间站

出发去太空

成为航天员的标准可不低

我们从小对宇宙充满好奇，都有着成为航天员的梦想，希望成为真正的飞天英雄。可是大家了解航天员这支队伍吗？大家问问自己适合做航天员吗？成为航天员都有哪些要求呢？其实选拔航天员的学问大着呢！快来看一看都有哪些标准吧！

向航天员迈进！

航天器驾驶人员都是从空军中选拔的，他们的年龄一般为25~35岁，特殊人才除外，身高为1.60~1.72米，体重为55~70千克。还要有过硬的身体素质和心理承受能力。不仅如此，文化程度还要达标呢！不然怎么操作设备，完成各项试验呢。除此之外，在选拔过程中还要到他们家里走访调查，如果直系亲属有遗传病史，可能就当不上航天员了！

通过了这些筛选，就是一名预备航天员了，接下来还要接受“魔鬼训练”。看谁能突破层层关卡，成为真正的宇航员吧！

航天员的种类

航天员主要分为两类：一类是驾驶航天器的航天员，必须是空军飞行员，且飞行时间超过6000小时；另外一类是科学技术工作人员，必须在某项科学技术上有着超强的能力。

原来是这样

我们只知道航天员选拔有着超高的标准，那你知道具体都有哪些方面的要求吗？让我们一起去看看吧！

1 优秀的身体素质

航天员选拔有一项重要的要求就是具备优秀的身体素质，为此他们往往需经历严格的体能测试和健康检查，以确保航天员们具备适应太空环境的身体素质。拥有良好的身体素质才能支撑航天员承受强大的生理压力，如低气压、失重、高辐射等。

2 良好的心理素质

航天员的心理素质也需要特别关注，他们需要在空间站待上一段时间。由于空间站是一个封闭的空间，可活动的范围比较小，且没有任何娱乐设施，所以航天员们需要承受各种压力、孤独，并应对太空中发生的各类突发事件，这就要求他们必须有良好的心理素质，这样才能在失重、高辐射等极端太空环境下保持冷静、清晰的思维能力和决策能力。

③ 过硬的知识背景

航天员进入太空需要完成各项任务，如完成各项实验、检查各种设备、出舱活动等，这就要求他们必须具备高级的工程、数学、航天等领域的科学技术知识，便于获得更多的发现和成就。

④ 较强的合作能力

如今，我国航天员都是三人作伴进入太空的。太空里的各项工作需要航天员们具备较强的合作能力才能完成，因此，航天员们不仅要个人能力突出，还要有团队意识，能够与团队成员配合默契，共同实现任务目标，保证航天工作顺利进行。

航天员还要具备良好的沟通能力，比如能用外语和他人沟通，因为他们不仅要与我国航天员相互沟通，还可能与国际上其他国家的航天员进行交流、合作，良好的沟通能力能帮助航天员更快、更准确地了解他人意图。

模拟失重的中性浮力水槽

航天员在太空漫步时，需要在失重的环境下工作，这就需要他们提前适应这种环境，保证太空漫步顺利进行。那么什么样的环境与太空失重的环境相同呢？让我们一起去看看科学家们设计的训练装置吧！

水中的“太空环境”

航天员进入太空后始终处于失重状态，并且还要在失重环境下工作，比如为空间站上的机械臂安装脚板，维修空间站损坏部位等。因此，为航天员训练而设计的模拟太空环境的中性浮力水槽就诞生了。

在训练时，航天员身着“飞天”水下训练服，从圆筒形中性浮力水槽进入水中，通过调整漂浮器的浮力和铅块配重的大小，让向上的浮力和向下的重力互相抵消，这时航天员就像在失重的太空中一样。适应了中性浮力水槽，距离成为能在太空漫步的航天员就不远了！

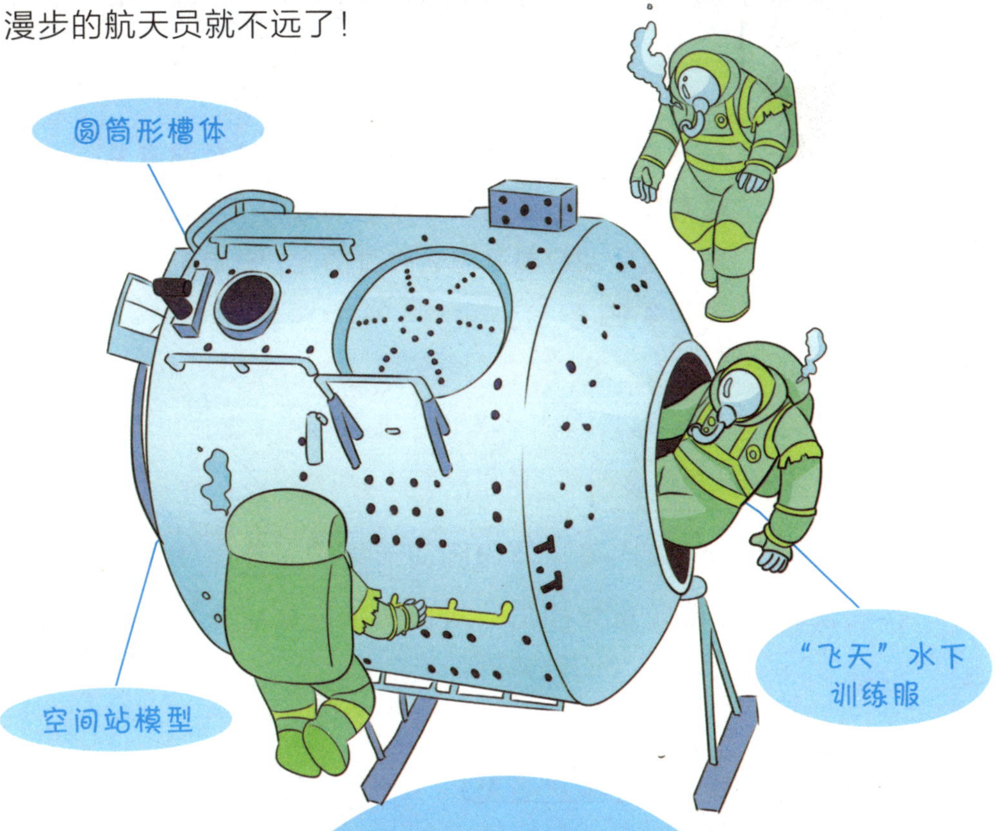

失重飞机

利用失重飞机也可进行失重训练。失重飞机一般由运输机、歼击机等改装而成，飞行轨道是位于与地面垂直的平面内的一条抛物线，称之为抛物线飞行。在失重飞机抛物线飞行过程中能获得短时间的失重环境。

原来是这样

中性浮力水槽的结构和制作材料都有着超高标准，航天员们在水下训练的项目也很重要。这些项目都是怎么安排的呢？让我们一起去看看吧！

1 圆筒形槽体

我国中性浮力水槽槽体为圆筒形结构，外面使用的是不锈钢材料，能多次重复使用，可以容纳两名航天员同时进行训练。

2 “飞天”水下训练服

“飞天”水下训练服是在中性浮力水槽训练过程中的专用服装。它能够保障航天员在中性浮力水槽进行模拟失重训练，让航天员觉得就像穿着航天服在太空中操作各项工作，可培养其在失重条件下的操作习惯，完成出舱活动的模拟训练。它还能用来验证航天员出舱程序的合理性以及评估出舱操作效率等。

3 训练项目

训练过程中，航天员可以熟练掌握在失重状态下身体的运动与姿态控制，还能身临其境般地训练出舱活动，包括模拟开关舱门、舱外行走、出舱和进舱、舱外作业（如在太空中安装新的设备、修理和更换部件等任务）。

4 1∶1空间站模型

为了模拟太空中的真实环境，中性浮力水槽训练的水槽规模庞大，按照1∶1的比例，将空间站模型放在其中。

航天员在中性浮力水槽中训练时，每次训练5~6小时，与人类在地面上中、重度体力劳动相似，十分辛苦。

高大威武的卫星发射塔

众所周知，火箭是一个庞然大物，有的有十几层楼那么高，这样一个大物件是怎么“站立”的呢？这势必要建造一个更大的建筑，将火箭固定起来，而它身后的发射塔就是“最佳人选”。那么，发射塔是怎样工作的呢？在航天工程中又扮演着怎样的角色呢？让我们一去看看吧！

发射塔是个“钢铁巨人”

航天事业中，我们的目光总被火箭发射、火箭与空间站对接、航天员太空漫步等“情节”吸引，对卫星发射塔这个“钢铁巨人”却视而不见。实际上，卫星发射塔很重要。卫星发射塔是整个发射场的核心建筑，通常由发射平台、发射塔架和各种配套设施组成。在航天发射场实施卫星及其运载火箭的组装、维护、检测、注入燃料、填充压缩气体、保障火箭顺利发射等方面发挥着重要作用。

发射塔的塔身

整个发射塔高大坚固，内部十分宽敞，里面还有完善的电梯设备、电缆通道、推进剂加注管、水管等，还建设了很多测试工作间，方便检测火箭各部分性能。

原来是这样

卫星发射塔的结构设计与平常的塔式结构相同，只不过所用的材料有很大的学问，让我们一起去看看卫星发射塔各部分都有哪些奇特之处吧！

1 发射平台

发射平台由回转部、基座、行走机构等组成，它是卫星发射塔的主体结构，能运载火箭，还能多方位调整火箭的角度和方向。

2 发射塔架

发射塔架采用了陶瓷微珠隔热保温涂料，能保护发射平台和塔架设备设施的安全。塔上还安装了水、液、气等的管路，以及通信、电视、动力等电缆。

为了保证火箭能安全发射，发射塔架一般建设在离火箭略远的地方，这是为了避免火箭发射后产生水平方向漂移时，塔体影响火箭发射。

3 悬臂

发射塔有四段回旋平台，也就是发射塔的悬臂，当遇到恶劣天气时，悬臂能将火箭和飞船“抱住”，形成一个遮风挡雨的封闭空间，保护飞行器不受恶劣天气的破坏。悬臂的内部还安装了升降平台，供测试人员连接插头、开关舱门、装卸仪器、测试和航天员进舱使用。

4 吊车

发射塔的顶部有一个吊车，不仅能运输各种零件，当飞船出现故障时，还能完成逃逸塔和飞船的下卸。如果飞船排除故障，再用吊车将逃逸塔和飞船吊起来，与火箭组装在一起。

卫星发射塔上的工作平台和勤务臂都设计成旋转式，吊车设计成臂架式，这样做的目的是让工作平台和吊车能在火箭发射前大幅度旋转，保证其能接近火箭组合体的同时，留出足够的空间保证火箭安全发射。

航天器运行的三大障碍

玩闯关游戏时，我们需要通过层层关卡才能到达终点，航天器也不例外，它进入太空和返回地球时也需要突破一些障碍，才能顺利完成任务。只不过航天器需要突破的这些障碍可比游戏关卡难多了，你知道是哪些障碍吗？这些障碍是什么导致的呢？让我们一起去看一看吧！

升级打怪

当航天器飞得更高、更远，航天器的飞行速度接近音速或超过音速的一定倍数时，就会遇到一系列不正常的现象，如阻力增加、飞行速度不够、航天器性能下降；航天器表面过热，导致各项设备失灵；航天器变形；通信设备失灵等，这些都是阻碍航天器飞向更远星球的障碍。音障、热障和黑障，如果其

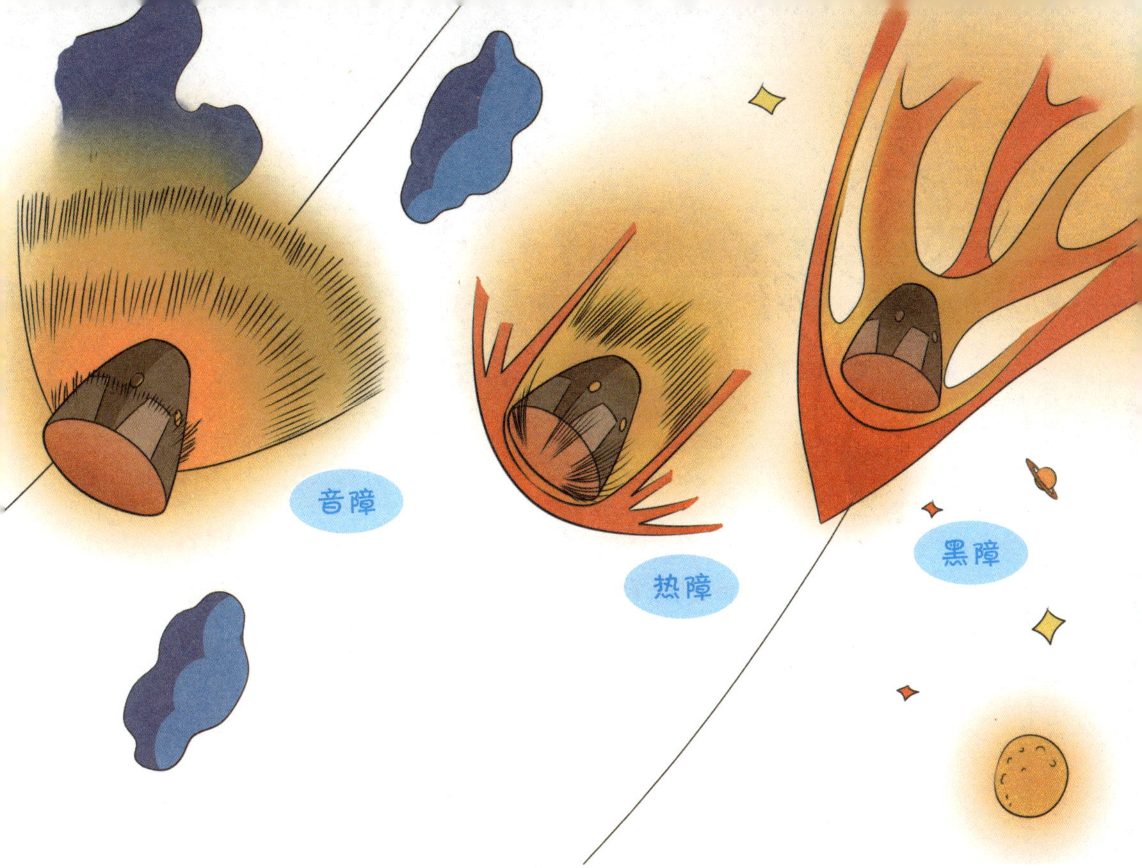

中的任何一个障碍无法突破，航天员就无法顺利到达太空。这样一看，进入太空就跟升级打怪一样，只有把这些“怪物”逐个击破，才能取得更高的成就。

壮观的热障

当航天器进入大气层时，航天员透过舷窗能看到烟雾，还伴随着五颜六色的火焰。仔细听，航天器还会发出噼里啪啦的声音。这是航天器头部的烧蚀材料在燃烧，它们“牺牲”了自己，让航天器内部的温度保持正常。

原来是这样

知道了航天器进入太空的三大障碍，那么它们分别是什么原因导致的呢？科学家们又是怎样解决的呢？让我们一起去看看吧！

① 音障

当航天器达到一定速度时，会出现激波，使气流严重分离，阻力剧增，航天器的性能就会急剧下降，航天器的飞行速度就升不上去了，这就是“音障”。为了解决这一问题，科学家们在研制航天器时，从三个方面出发，一是采用后掠翼等先进气动布局来削弱激波；二是进一步加大发动机推力以抵消阻力；三是使用先进的材料加固航天器的“身体”。

② 热障

航天器在空中飞行时，必然会与空气发生摩擦，空气受到阻滞，流速降低，动能就变成了热能，使航天器表面开始变热，导致航天器材料性能下降，仪表设备失灵，进而影响其速度，这种现象就是“热障”。为了解决热障问题，科学

家们采用耐热复合材料、加装隔热设备、安装冷却系统等方式，保证航天器不会因高温而损毁。

3 黑障

当航天器以超高速度进入大气层，航天器外壳的温度能达到几千摄氏度，航天器材料表面的分子以及贴近表面的气体都会被分解和电离，进而形成一个等离子层。而等离子体能吸收和反射电磁波，所以当航天器被等离子体包裹时，航天器内外的无线电信号根本无法传输，地面与飞行器之间的无线电通信便严重失效，甚至中断，这种现象被称为黑障。当航天器的高度、速度等降到一定程度时，等离子体层解除，黑障就会消失。

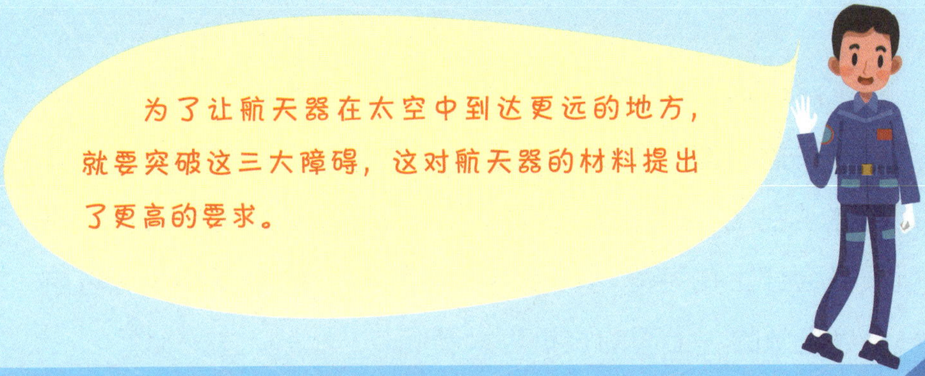

穿上航天服去太空啦

航天员进入飞船之前要穿上一种特殊的衣服，这种衣服能保证飞船在太空运行中被高温等“袭击”时，舱内的航天员不受伤害。这种衣服被称为航天服，是航天员在太空生存的重要保障。让我们一起去看看航天服的奇特之处吧！

航天服大有玄机

航天服包括舱内航天服和舱外航天服。航天器运行时，航天员处于失重状态，不像在地面上那样能够轻易地控制身体，不让身体“乱飞”“乱撞”，因此舱内航天员很容易受伤，所以航天员会穿上由特殊材料制成的航天服。航天服是为每位航天员量身定做的，上面的玄机可大着呢！

飞船发射和返回、交会对接的过程中，或者飞船发生泄漏、压力突然降低的时候，航天员穿的都是舱内航天服。

舱内航天服的胳膊上有圆形装置，相当于空调遥控器，能调节航天服内的温度和湿度。除此之外，还有功能强大的头盔、手套，还配备了通信工具、压力表、呼吸循环系统等，这样一套航天服就像维系人类生存的小环境。

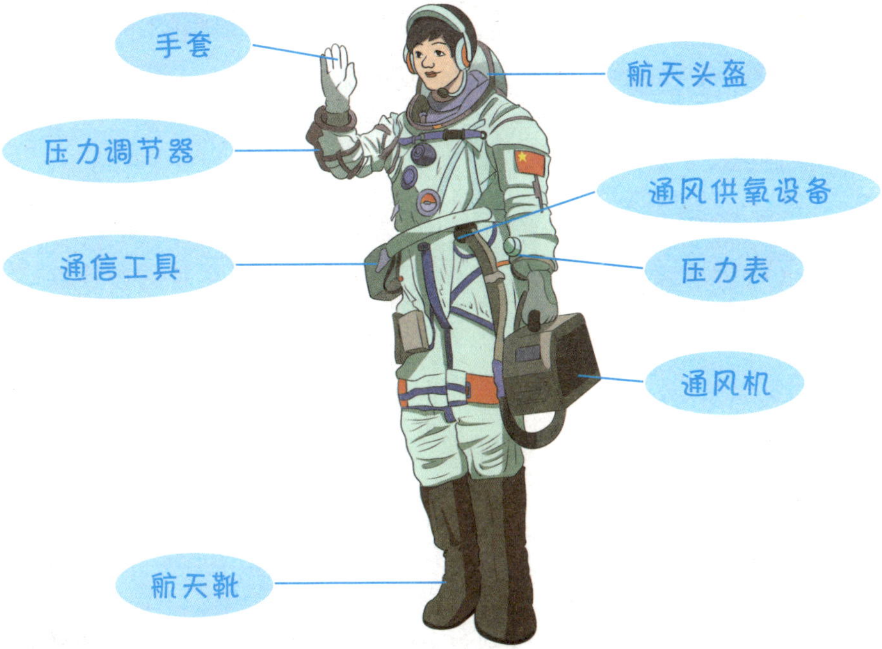

舱外航天服是航天员走出空间站，到舱外执行任务时必须穿戴的防护装备，保证航天员在恶劣的太空环境中如同在地球“上边”一样。

“飞天”舱外航天服是我国独有的，能在太空中持续工作8小时。从远处看去，“飞天”舱外航天服整体呈白色，躯干像盔甲，四肢像面包，背上还有一个背包。可别小看它，它身上可是有很多机关呢，如头盔、强力安全绳、便携式生命保障系统、手套上的反光镜等，这些都有着大作用。

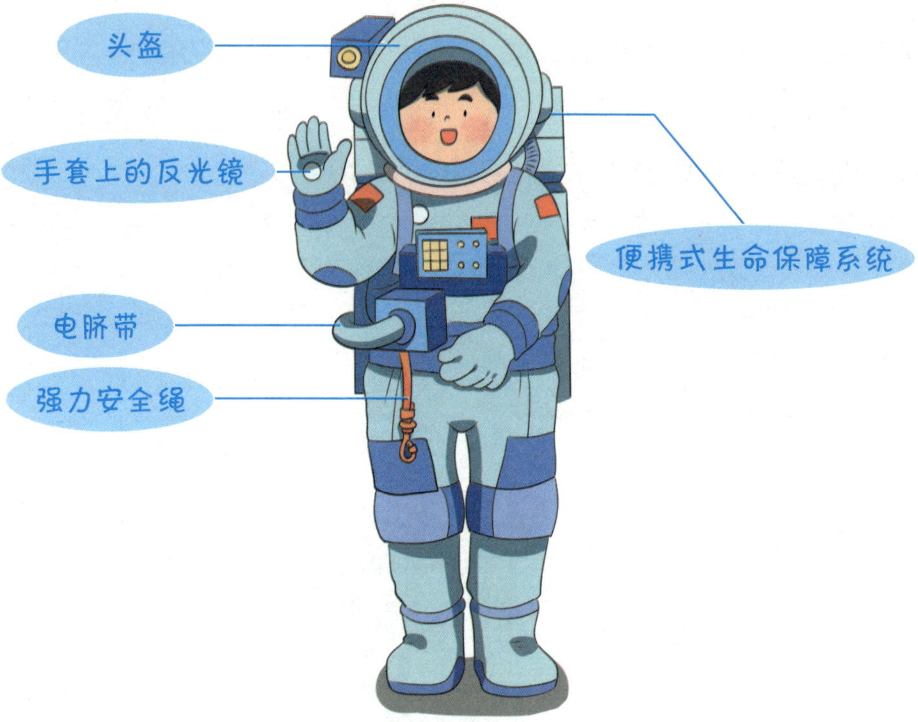

白色航天服

各个国家舱外航天服的主体色都是白色，这是为什么呢？原来，白色反射阳光的能力非常强，可以避免航天服内部过热，再加上太空的背景是黑色的，而白色在太空中最好辨认。

原来是这样

舱内航天服由多部分组成，每部分都有其独特的作用，让我们一起去看看各部分的功能吧！保证让你刮目相看。

1 特制材料

舱内航天服的最外层称为限制层，采用高强度涤纶制造，能保护内层结构，让航天服按预定形态膨胀。第二层是气密层，由涂上氯丁橡胶的纤维制成，有很强的气密性。第三层是散温层，该层与内衣裤连在一起，有管道通风，能保证航天服内的通风性。

2 头盔

头盔能保证航天员头部的安全，该头盔前面的面窗共有4层，具有隔音、隔热、防结雾、防强光的功能。

3 手套

航天员佩戴的手套采用了3D扫描技术，专门根据人手形制作而成，虽然比较厚重，却有着极强的灵敏度，能让航

天员拿稳铅笔般粗细的东西，充气后也有良好的活动能力。

4 通信工具

航天服上还安装了“耳朵”和“嘴巴”，保证航天员与外部通话顺利。

5 通风供氧设备

航天员手中都提着一个小箱子，箱子上有一个管子与航天服相连，该设备相当于航天服的“呼吸系统”。正常情况下，舱内的环控生保系统会为航天员全身通风，让航天员处于舒适状态。当舱内压力出现重大变化时，给舱内通风的风机会自动关闭，此时舱内航天服处于密闭供氧状态，供氧设备会通过服装供氧软管将氧气送入航天服内和头盔里供航天员呼吸，由压力调节器排出二氧化碳。

飞船升空和返回地球是风险较高的时段，一旦出现意外，舱内温度、压力等会迅速发生变化，舱内航天服恰好能应对这种情况，保护航天员的生命。

直达云霄的太空电梯

大家肯定都乘坐过电梯，它能把我们从低楼层迅速送到更高的楼层，为我们免去了爬楼梯的劳累。既然去太空那么麻烦，你想过有一天让直达云霄的电梯，带你进入神奇的太空吗?这样每个人都能穿着航天服乘坐直达太空的电梯去太空遨游，我们一起去看看这个太空电梯是什么样的吧!

无限可能的太空电梯

人们一直想通过一种简单的方式进入太空，就算没经过特殊训练也能进入太空旅游。为了满足人们的这一愿望，有人设想出类似电梯形式的太空电梯这个工具，从而把乘客送到遥远的太空空间站。关于太空电梯，各国还只是设想和试验阶段，并没有真正建设出来。

从各国的设计图上来看，太空电梯由四部分组成，分别是基座、缆绳、电梯舱、太空站，每部分的功能都是为了能安全、高效地把人类送到空间站。虽然现在的太空电梯还不成熟，但相信未来一定会应用到实际中。

太空电梯的“梦想”

未来的太空电梯可能是这样的：能重复使用，成本低，是通往度假胜地的便捷工具。乘坐太空电梯进入空间站的乘客，无须进行任何训练，能自由地乘坐太空电梯往返于空间站与地球。

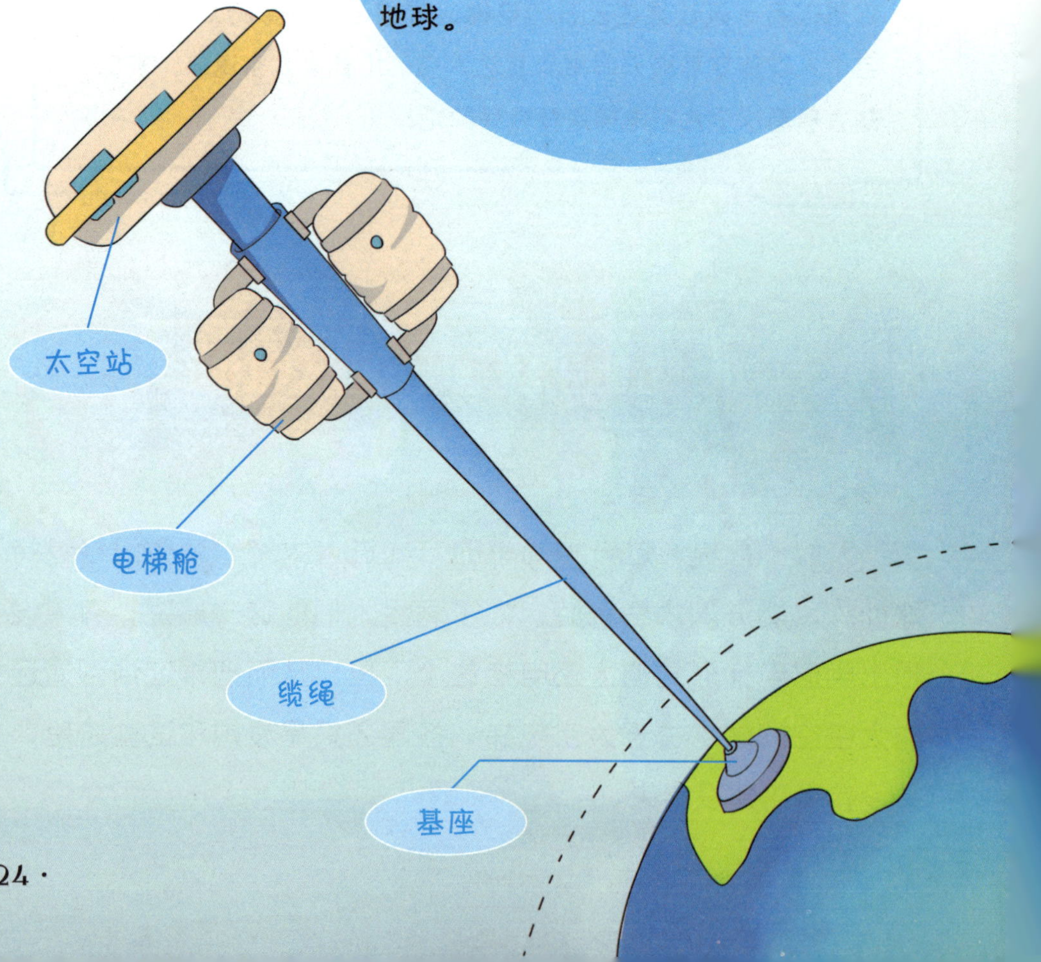

原来是这样

我们知道了太空电梯由四部分组成，你知道它们分别是怎样建成，或者功能是怎样的吗？让我们一起去看看吧！

1 基座

把基座建在赤道上，因为赤道正上空的同步轨道与赤道垂直距离最短。科学家们提出了两种基座，即固定式和漂移式，其中固定式比较容易实现，且周边设施比较好建设，如发电器材、太空港等。漂移式的基座建设比较困难，因为它是建在海上或平流层中，可能会受到不良天气和太空杂物的影响。

2 缆绳

缆绳是为了支撑容纳人的电梯舱而建设的，因此要有超强的拉力。目前科学家们打算用碳纳米管来建设缆绳，因为它所能承受的张力是极大的，但有没有足够的耐力还需要研究。所以关于缆绳的制作材料问题，将是未来研究的方向。

3 电梯舱

电梯舱是指在缆绳上“攀爬”的部分，科学家们的设想是在电梯上安装马达，带动夹着缆绳的一组轮子转动，以此获得向上的动力。科学家们还想出另外一种方法，即在电梯舱上安装两片反光板，地面人员发射激光将电梯舱射上去。

4 太空站

太空站位于太空的那一端，与基座相对，科学家们设想的是将太空站放在比同步卫星轨道更高一点的位置。不管太空站建在哪，都是非常麻烦的一件事。因为随着缆绳的加粗，太空站的位置要不断地调整！

太空电梯的设想是好的，但是同时也会衍生出一些问题，如当太阳风向太空电梯施加压力时，来自月球和太阳的重力作用将使绳索变得摇摆不定，可能会影响太空交通。如太空电梯不断摇摆，可能会撞上人造卫星或太空垃圾，出现事故。

看看太阳系

太阳系——我们的家园

太阳系是我们的家园，它是一个由太阳和其所有卫星组成的天体系统。它包括水星、金星、地球、火星、木星、土星、天王星和海王星等行星，以及太阳、数百个卫星、小行星和彗星等天体。

太阳系的形成

太阳系的形成始于约46亿年前，是由宇宙尘埃和气体聚集而成的。在太阳系形成初期，太阳还没有形成，各个行星和其他天体都在互相碰撞、互相吸引。随着时间的推移，太阳逐渐形成，它开始控制各个天体的运动，最终形成我们今天所看到的太阳系。

太阳系的中心是太阳，太阳是一个巨大的恒星，其质量占

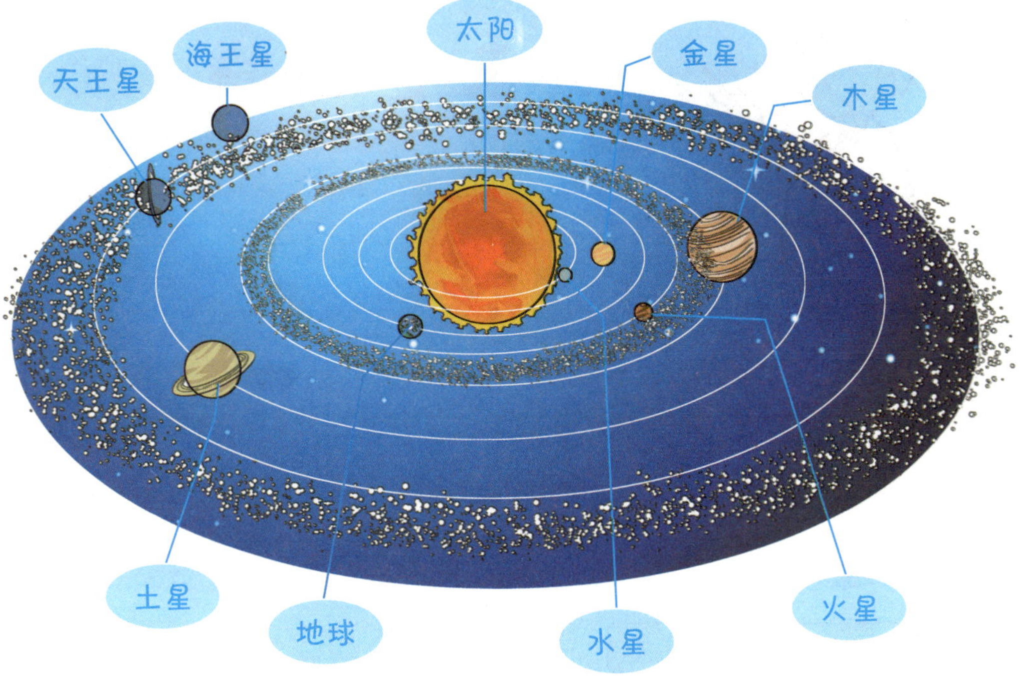

据了太阳系的99.86%。它的引力强大到足以维持太阳系内所有行星和其他天体的稳定轨道。稳定转动的八大行星各有各的特点，有固态物质的、气态巨行星，还有冰和岩石的，非常瑰丽而神奇。

太阳的状况

太阳是一个充满能量的天体，它主要由氢和氦组成，直径为地球的109倍。太阳现在正处于壮年时期，但在未来的50亿年内，太阳将变成红巨星，它的体积将膨胀，最终可能吞噬内部的行星。

原来是这样

太阳系是我们在浩渺宇宙中的栖身之所，那么它究竟是怎么运行的，我们一起来看看吧。

1 太阳系的运动

太阳系的运动非常复杂，有很多种运动方式。如行星、小行星、彗星等围着太阳转，卫星围着行星转。这些运动都是因为引力的作用，主要是太阳的引力。另外，行星之间也会相互影响，尤其是像木星和土星这样巨大的行星，它们的引力对其他行星的影响特别大。

2 八大行星

八大行星是指太阳系中的八个行星，这些行星按照离太阳的距离从近到远的顺序依次是水星、金星、地球、火星、木星、土星、天王星和海王星。八大行星各有特点，其中水星、金星和地球的质量和体积相对较小，主要由固态物质组成；土星和木星属于气态巨行星；土星和天王星以冰和岩石

为主，天王星和海王星则属于冰巨星。

3 太阳系里的小碎块

太阳系中还存在许多小行星和彗星等天体，小行星主要位于火星和木星之间的小行星带中，而彗星则主要位于太阳系的外部，它们有一个很长的轨道，当它们接近太阳时，我们可以在地球上看到它们。

太阳系中各大行星围绕太阳做轨道运动，其中地球与太阳之间存在的微妙关系是地球生命存在的关键因素。这种运动不仅为地球提供了温暖的阳光和适宜的气候，还确保了地球在太阳系中的安全。

“嫦娥”登陆月球

2020年12月1日，嫦娥五号成功软着陆月球，之后它携带一面鲜艳的五星红旗在月球表面成功展开。这是我国在月球表面首次实现国旗的独立展示。与我国以往在月球上展示的喷涂式国旗不同，嫦娥五号的这面国旗是一面真正的旗帜。可别小看这面旗帜，它的科技含量很高。看看吧！

让五星红旗飘扬在月球

月球表面有着正负150℃的温差，没有空气，加上宇宙拥有很强的电磁辐射等，普通材质的国旗在月球上会出现褶皱、褪色，甚至分解的情况。因此，科研团队为了让五星红旗飘扬在月球，挑选了多种纤维材料，又通过耐高低温、防静电、防月球尘埃等在内的物理试验，最终采用一种新型复合材料做旗帜。

除了国旗之外，整个国旗展示系统还包括压紧释放装置、

防冷焊处理让支架更牢靠

为了防止发生冷焊现象（即两块接触金属在太空真空环境下粘连一起），研制团队对展示系统所有的机构和关键位置都进行了防冷焊处理。

展开机构，长约半米，用的是杆系结构。整套系统涉及解锁、支架展开、支架固定等步骤，而负责机构解锁的火工品和让支架展开的动力源扭簧都是特制的。整个系统只有1千克，不但选材上轻质化，设备也实现了“瘦身”。

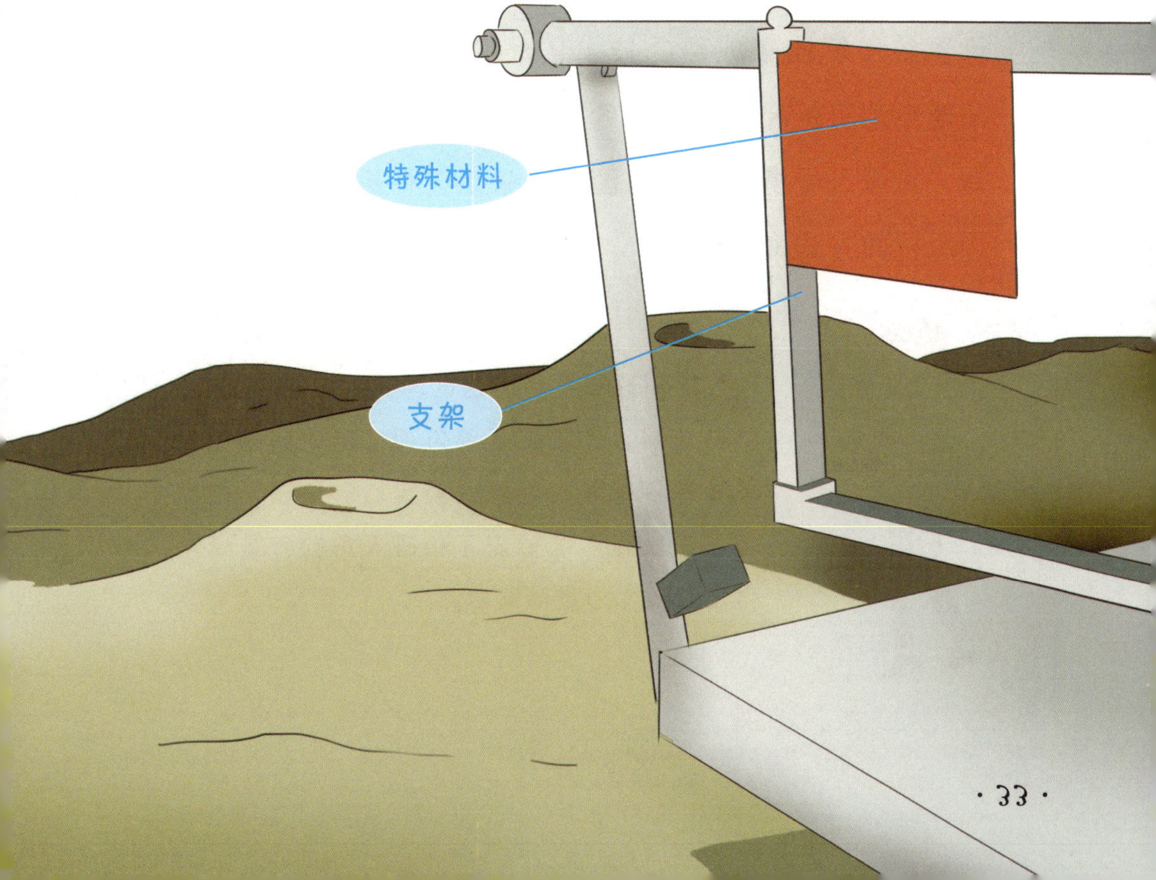

原来是这样

1 新型复合材料

飘扬在月球上的国旗使用的新型复合材料，既能满足强度要求，又能满足染色性能要求，保证国旗在月表恶劣的环境下不褪色、不串色、不变形。

2 杆系结构

杆系结构是由若干杆件组成的。因为杆系结构技术在航天系统里算比较成熟的技术，如卫星、飞船等航天器的太阳能电池帆板展开，使用的都是杆系结构，所以为了保证可靠，嫦娥五号携带的这面国旗也采用了杆系结构，最终是用二级杆的方式来呈现的。

嫦娥五号携带的这面国旗，在系统设计、材料选用、加工工艺等方面，给研制团队带来了许多难题。经过大量实验和测试，难关被一一攻克，这体现了科研人员的智慧以及科技的强大力量和魅力。

去往水星附近，谈何容易

水星是太阳系中距离太阳最近的行星，与太阳这个“大火炉”如此接近，水星探测器不可避免地将遭受高温，任何设备或仪器如果抵挡不住太阳的熊熊火焰，“出师未捷身先死”则是必然的结局。再者，水星为太阳的近邻，太阳强大的引力将使任何试图进入水星轨道的空间探测器面临飞蛾扑火的巨大危险。

勇敢的贝皮科伦布号

2018年10月20日，贝皮科伦布号成功发射。该任务由欧洲航天局与日本宇宙航空研究开发机构合作实施，预计经过约7年时间的飞行，于2025年到达水星，最终完成对这颗行星最广泛和最详尽的研究，这些研究将会大大刷新人类对水星的认知。为了应对水星考察的重重困难，贝皮科伦布号在分体构造上进行了独特的创新。它由三部分组成，包括水星转移模块两个探测器，即水星行星轨道器和水星磁层轨道器，还有独特的太阳防护罩，这是人类首次采用多个不同任务的探测器组成编队来探测水星。

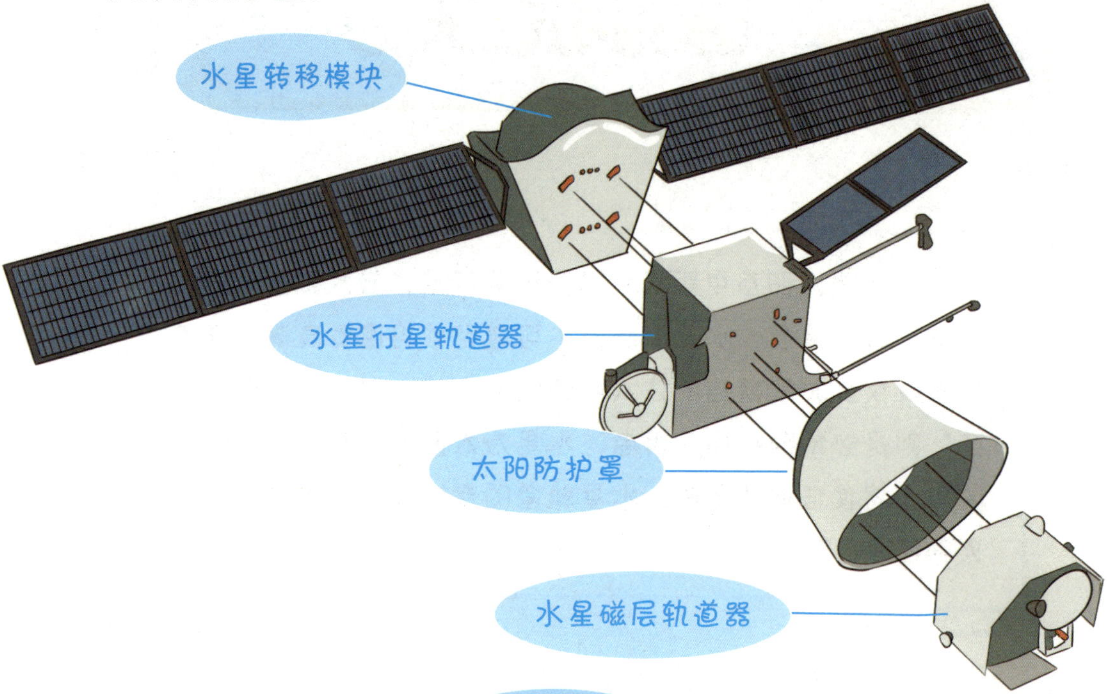

神奇的“推力”

贝皮科伦布号使用太阳能电力推进系统，在从地球飞向水星的过程中，可不断推动探测器，大大减少化学燃料的使用，降低发射时的重量。这是在大型深空探测任务中首次使用这种推进系统。

原来是这样

贝皮科伦布号真是个抗高温的英雄，它是怎么做到的？我们一起去看看吧。

1 水星行星轨道器

水星行星轨道器由欧洲航天局研制，重1147千克，装有11台科学探测仪器，主要任务是观测水星地形、重力场，测量矿物质化学成分，研究水星表面和内部成分，研究磁场环境和大气组成。

2 水星磁层轨道器

水星磁层轨道器由日本宇宙航空研究开发机构提供，重275千克，装有5台科学载荷，主要任务是综合观测水星磁场和磁层，了解磁场和磁层的分布，观测水星的大气和地形，探索水星的结构和形成过程。

3 太阳防护罩

面临高温挑战，贝皮科伦布号采用多层隔热技术和陶瓷

纤维制成的外层——太阳防护罩，配备高效率散热器，保证科学仪器和电子设备正常工作。

④ 创新太阳能电池板

贝皮科伦布号的太阳能电池板采用创新技术，由60%的镜片和40%的特殊电池组成。镜片用于反射热量，使其能在更高温度下工作，另外还可以调整太阳翼方向，避免阳光垂直照射。它还配备冷却系统，用水冷却，将热量散发到太空中。

贝皮科伦布号从20世纪90年代开始酝酿，到最终实现发射，历时20多年才得以成行。等待科学探测数据传回地球，需要很长时间。因此，深空探测要求科学家对所探测的目标有浓厚兴趣，能长期坚持。

探测金星，用气球？

我们认识许多特别“高大上”的行星探测器，怎么到了金星这儿，大家就想着用气球去探测呢？真是太委屈“金星宝宝”了。不过别急，我们先来了解一下这个气球到底是怎么回事吧。

为什么用气球去探测金星？

金星的表面温度约480℃，足以融化铅。金星的大气中还存在着厚厚的酸雨层，使人类很难通过轨道探测器去清晰地看到金星地表的一切。在这种情况下，气球可以让传感器处在一个比地面温和的环境中，存活时间更长，便于开展一些有意义的研究工作。通过地震以及地震的次声波，我们可以把内部情况“看”得更加清楚。此外，气球还可以携带各种传感器和设备，如温度计、气压计和摄像头等，以便更好地观测金星。

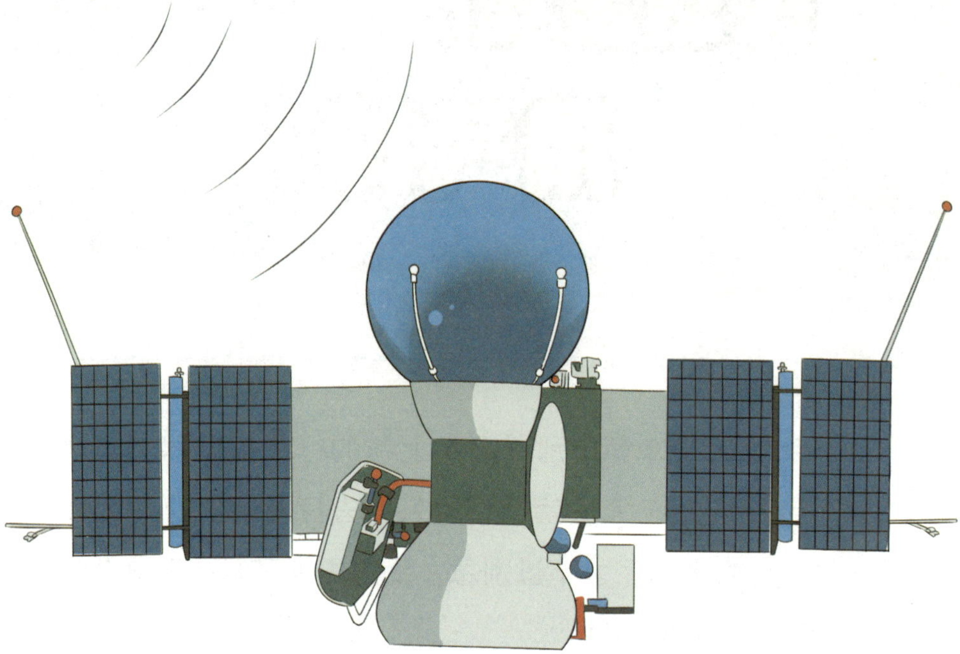

曾经的英雄

苏联曾经发射一个金星登陆器，不过只上去了两小时。这当然令人类不甘心，通过技术革新，人类可以创造出寿命更长的登陆器，这将有助于人类解密地球生命存在之谜，而金星则成了“最接近地狱的地方”。

原来是这样

用气球探测地震的方法非常神奇，那么原理是什么？我们一起去看看吧。

1 地震波

研究行星内部构造的方法先是研究地震波。地震学家利用地震波的波形和波速来确定地下圈层的特征，并用于找油找矿、分析火山和构造活动。因此，研究地震波是一种非常重要的手段。

2 次声波

次声波是人类听不到的声音，来源于大自然，伴随地震、火山爆发等现象。它的频率通常在16赫兹以下，比人类能听到的最低频率还低。次声波能绕过障碍物，传感器可以在数千千米以外探测到地震信号。气球载次声探测器的范围更广。

3 金星大气层的帮助

金星大气层的厚度使次声波能更好地从地面传输到空气中，也使气球载次声探测器比地面探测仪范围更广，能在数千千米以外探测到地震信号。

4 确定飞行轨迹

气球探测器的飞行轨迹不确定，位置也会受太阳位置的影响而发生变化。科研人员需要对探测器的飞行轨迹进行准确模拟，并用定位系统跟踪和定位气球。

通过气球探测器和地震监测技术的结合，我们可以更深入地了解金星这个神秘的星球。虽然探测金星仍然面临许多挑战，但我们有理由相信未来将会有更多突破和创新。

火星可能曾经存在生命

迄今为止，人类向火星发送的最庞大、最复杂的火星车是哪个呢？当然非“好奇号”莫属，它被科学家们称为“火星探测实验室”。它到底“实验”出了什么成果呢？很多，但最重要的是——火星可能比地球更早拥有生命。

好奇号是如何发现火星生命踪迹的？

好奇号的质量将近1000千克，和一辆小轿车不相上下。它虽然不大，但是它装载了10台高耗能的科学仪器，相当于一个实验室的规模。另外，好奇号还安装了研究人员给它特制的轮子与机械臂。

通过独特的取样方法，好奇号在火星样本中发现了构成生命的化学元素和液态水，证明火星早期存在生命宜居环境。火星还存在圆形鹅卵石等流水塑造过的河床地貌，显示火星曾是微生物的理想家园。

辐射可承受

对人类未来的火星探测任务来说，火星表面的太阳辐射水平是可以承受的。

原来是这样

火星上发现生命的可能痕迹引起了全世界的轰动，那到底是怎么回事呢？我们一起去看看吧。

1 曾经沧海

好奇号成功钻取的样本中，检测出构成生命的重要化学元素，如碳、氧、磷和氮，此外还发现了黏土矿物。这表明该地区曾经存在液态水环境，进一步证明这里曾经存在湖泊或海洋。

2 宜居环境

好奇号还发现了蒙脱石的存在，这种物质通常在地球上生物活动旺盛的湖泊沉积区域出现。这一发现表明火星早期存在宜居环境。

3 理想栖息地

好奇号还发现了圆形鹅卵石等流水塑造的河床地貌，表

明这里曾是火星古河流的河床。如果火星上曾经存在微生物，那么这里可能曾是它们的理想栖息地。

4 人类可以承受的辐射

好奇号探测了火星表面的辐射水平，从数据来看，这是人类在防护条件下可以承受的。

5 发现甲烷

在地球上，微生物制造了绝大多数甲烷。火星大气层中存在甲烷。在盖尔环形山中，甲烷的含量会呈现有规律的季节性变化，这里的甲烷在几个火星温暖的夏季月份都出现峰值，并在冬季下降。

要有“装甲坦克”才敢去木星

太阳系八大行星中最恐怖的星球是哪一颗呢？毫无疑问，就是木星，木星的直径约14万千米，体积是地球的1321倍，木星除了有可怕的外表，还有强大的引力，更有持续了几百年的超级风暴。科学家戏称，要想去木星，非得造出“装甲坦克”不行。

朱诺号如何防辐射？

迄今为止，朱诺号是访问木星的最先进的航天器，装有9种科学仪器，包括红外线和紫外线传感器、辐射计和磁力计，以及高能粒子探测器。对于装载了众多非常敏感的探测器的朱诺号来说，木星的背景观测环境简直是个灾难。木星的巨大磁场和太阳风的碰撞产生的干扰辐射是地球上的任何观测都难以想象的。朱诺号配备了180千克的钛合金保护壳来防止辐射干扰，太阳帆板上也涂有防辐射玻璃。为了保证通信顺利，观测站必须用全功率来接收信号。

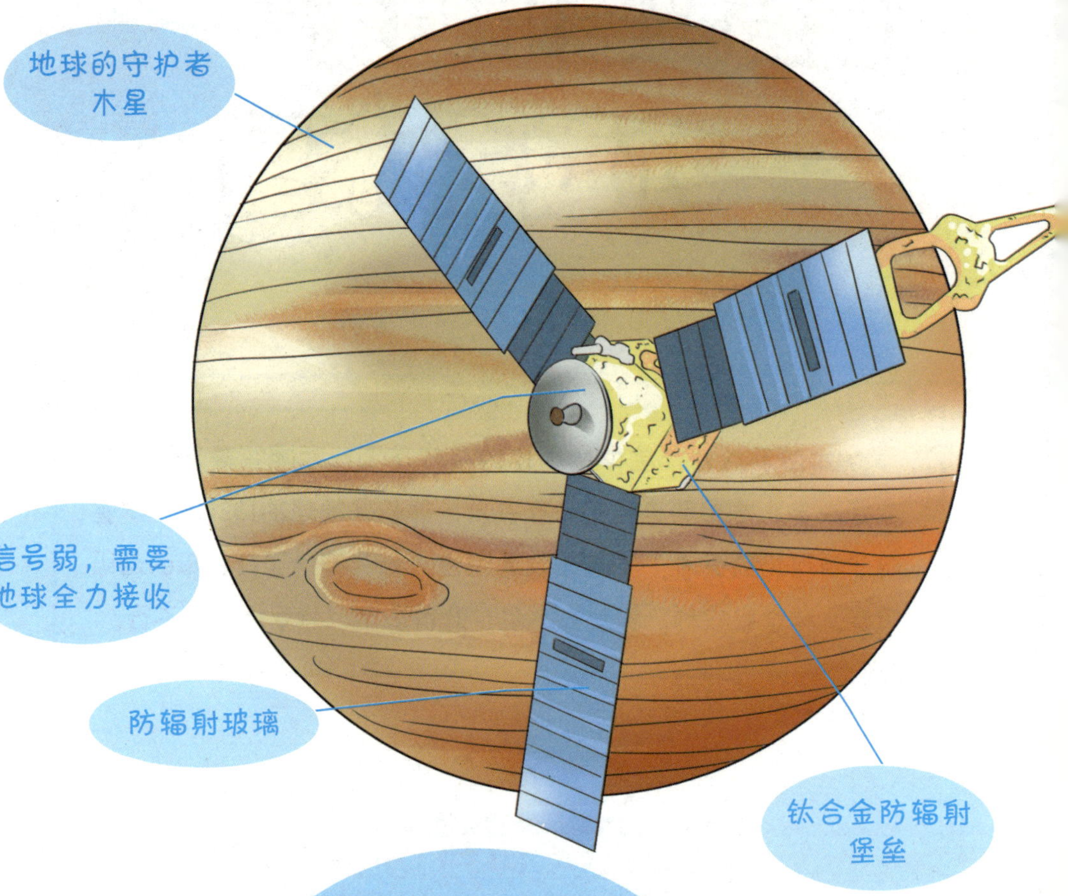

木星的大红斑

木星是一个非常重要的天文研究对象。它的大红斑是天文学家们长期感兴趣的现象之一。大红斑是一个巨大的涡旋，其尺寸甚至比地球还要大。

原来是这样

朱诺号可是穿了层层的防辐射外衣才能身处险境，究竟是怎么回事，我们去看一看吧。

1 地球的守护者

木星体积巨大，拥有非常强大的引力吸附能力。这种引力能将那些可能对地球造成威胁的小天体吸引到它的磁场里。这样一来，就形成了一个拥有强大磁场的保护屏障，可以替地球挡住来自外太空的宇宙射线和太阳风等强大的粒子辐射。

2 钛合金防辐射堡垒

为了防止辐射干扰，朱诺号配备了一个重达180千克的钛合金保护壳，这样就可以让朱诺号抵挡足够多的背景辐射，就好像一个防辐射堡垒一样。

3 防辐射玻璃

在朱诺号巨大的太阳帆板上涂上厚厚的防辐射玻璃。

即便在重重保护下，朱诺号也将承受巨大的辐射损伤，到2025年朱诺号完成使命之后，其承受的辐射总量也相当于做了100万次X光检查。

4 全功率信号接收

由于朱诺号处境险恶，在与地球保持联系的时候，其信号的微弱程度仅有手机信号的十亿分之一不到。为了保证通信顺利，观测站必须用全功率来保证信号的接收。但即便如此，通信的难度也是很大的，就像是将高尔夫球从北京打进位于上海的球洞里一样。

该任务的首席研究员曾说：“朱诺号基本上是一辆前往木星的装甲坦克，如果没有它的防护罩或辐射屏蔽设施，朱诺的‘大脑’会在第一次靠近木星时就被烧个‘外焦里嫩’。”

去往土星的“长征”

卡西尼号是由美国航天局、欧洲航天局和意大利太空总署联合研制、发射并运营的土星系探测器。它测量了土星大气层和磁场，为研究土星提供了丰富的数据。

伟大的卡西尼号

卡西尼号之所以能在土星周围进行如此长时间的航行，有赖于来自17个国家的设计团队为其提供的强大性能。卡西尼号飞向土星并不是直接飞过去的，而是利用了引力弹弓效应。引力弹弓效应指的是物体在引力作用下获得速度和改变运动方向的效应，就像链球手扔出铁球一样。

卡西尼号为我们提供了关于土星和其卫星的宝贵信息，揭

示了土星的气候和天气系统，以及卫星上的山脉、冰层和可能存在的水。另外，它还有一个出人意料的发现。

卡西尼号的任务

卡西尼号的任务持续了13年时间，这场围绕土星的“长征”使我们能够在半个土星年里观察到不同季节的天气变化，增进我们对地球以外天体的环境的了解。

原来是这样

卡西尼号为什么这么厉害？它又看到了什么呢？我们一起去了解一下吧。

1 引力弹弓效应

引力弹弓效应是指一个物体在引力的作用下，可以获得一定的速度，并且能够改变它的运动方向。这个效应在宇宙空间中经常被用来调整航天器的轨道或者加速探测器前往更远的天体。

2 时光机器

卡西尼号就像一台时光机器，通过它，我们看到了影响太阳系和其他恒星–行星系统成长和发展的过程，就像看到了我们的过去和未来。

3 强大的设计团队

卡西尼号背后的设计团队也是非常庞大，“卡西尼号计划”共有17个国家参与，是美国航天局与欧洲航天局合作的最大

手笔，是人类历史上最大的国际空间课题合作项目之一。

4 宝贵的观测结果

卡西尼号在土星轨道观测和研究方面取得了丰硕的成果。通过对土星和其卫星的观测，卡西尼号提供了关于这些天体的宝贵信息，使科学家对土星的了解更加深入。在它的观测下，我们发现了土星的复杂气候和天气系统，以及其卫星上的山脉、冰层和可能存在的水。

4 意外的发现

卡西尼号在探索土星的过程中意外地在土卫二上发现了水汽的存在。为了弄清原因，科学家们调整了卡西尼号的轨道，飞掠土卫二的南极，并成功发现了令人惊奇的土卫二冰喷泉。

最后，卡西尼号也不负众望，在身体被撕碎前的一瞬间，将土星大气层内部的照片和重要数据发回地球，人类也首次看到了土星大气层内部的样子。

探索太阳系边界

随着人类深空探测能力的增强，我们可以更好地认识太阳系。但太阳系的边界在哪里？边界之外是什么样的新世界呢？要到达太阳系的边界又有哪些难题呢？

人类认识宇宙的新窗口

太阳系的边界是保护太阳系免受银河宇宙射线潜在危害的第一道防线，保留了太阳系诞生早期的信息。太阳系的边界非常遥远，而且极度寒冷，漆黑一片，里面充满了神秘和未知的东西，探测它简直就是人类技术的极限了。

探测太阳系边界需要长期稳定的能源，但现有能源还未解决时间漫长的问题。通信技术需要更高效的信道编码技术、大

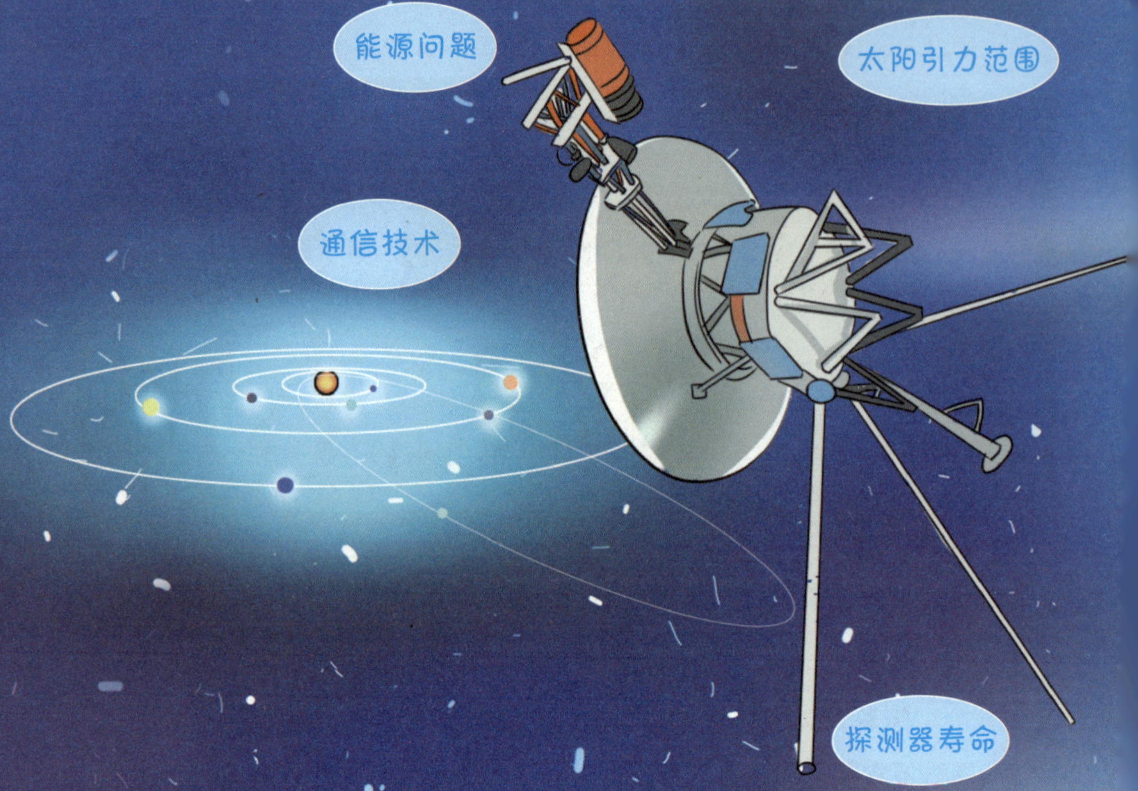

口径地面天线组阵和大功率发射机。由于是长期飞行探测，这就要求探测器必须有一个耐力持久的“好身体”，对于一些“感冒”“发烧”等问题能够自行解决。

太阳系的边界在哪里？

太阳系的边界并不是固定的。对此，科学家提出了3种定义。第一种定义是以行星轨道为界，从太阳延伸到海王星。第二种定义是以日球层顶为界，这也是两颗“旅行者”曾经抵达的地方。第三种定义是以太阳引力范围为界。

原来是这样

太阳系边界的探测可谓困难重重，究竟是什么情况呢？我们一起去看看吧。

1 空间环境恶劣

太阳系边界处的空间环境极端恶劣，具有高真空、强辐射和极其寒冷黑暗等特点，在如此极端的环境中，探测器需要具备高度的适应性和可靠性。此外，探测器还需要具备强大的防护措施，以保护内部设备和人员的安全。

2 能源问题

探测太阳系的边界需要长期稳定的能源来支持其遥远的距离和漫长的时间。尽管太阳能和核电池等现有技术在一定程度上可以提供能源，但它们仍无法克服漫长的时间问题。因此，需要进一步探索和开发新的能源技术，以支持太阳系边界探测的长期稳定运行。

3 通信技术

探测器与风筝类似，都需要通过一条线进行控制。然而，随着航天器飞离地球越来越远，通信信号逐渐减弱，时延也会不断增加。为了更好地支持任务，我们需要更高效的信道编码技术、大口径地面天线组阵和大功率发射机来确保信号的稳定传输。

4 探测器的寿命

长期飞行探测也对探测器的寿命提出了更高的要求。地球轨道卫星的寿命通常在10～15年，而深空探测器要在恶劣的太空环境中飞行工作数十年。

探测小行星

奇形怪状的小行星

在太阳系中，有无数天体。除了我们熟悉的太阳、八大行星和它们的卫星外，还有一些是矮行星。小行星、彗星、流星体等也都被归入“太阳系小天体”。那么，什么是小行星？小行星又有什么特性呢？它们的“家”在哪里呢？矮行星、彗星与小行星有什么区别呢？

个小数量多的小行星

小行星是太阳系内做类似于行星环绕太阳的运动，但质量和体积小得多的天体。大部分小行星的运行轨道在火星和木星之间，称为小行星带。此外，在海王星以外也分布有小行星，这片地带称为柯伊伯带。

小行星的数量很多，据观测估计，总数有数百万颗，目前已发现76万多颗。它们大小不等，大的直径数千米，小的仅

数米。大多数小行星的形状并不规则，有的像红薯，有的像哑铃，可谓千姿百态。有的小行星如同地球一样自转，其自转周期通常为2～16小时，有的小行星甚至还有自己的卫星。

有环的小行星

小行星女凯龙星是迄今为止被发现拥有光环的最小天体，它的运行轨道位于土星和天王星轨道之间，直径约为250千米。它有两个光环，薄的外环大约3.2千米宽，厚的内环大约6.4千米宽，环部分由水冰构成。

原来是这样

小行星还有哪些特性呢？它们为什么是奇形怪状的呢？为什么彗星、矮行星不是小行星呢？我们来看看吧！

1 组织松散

小行星像由重力组合在一起的巨大的碎石堆，组织松散，密度比石头还要低。正因如此，它们在强烈的撞击下，可以吸收撞击的能量，不容易发生碎裂。大的小行星的自转速度通常很慢，不会因为自转速度快导致离心力过大而解体。

2 大多数形状不规则的原因

第一，小行星自身的质量太小，在长期的演化过程中，不能依靠自身引力的作用变成球形，只能保持原状。

第二，在几十亿年演化的过程中，小行星不断受到各种大小不一的碎片的撞击，使得表面坑坑洼洼，有的甚至被撞碎，变成更小、更不规则的天体。

③ 彗星不是小行星

彗星的构成、体积、密度与小行星不一样。彗星是由冻结的水、二氧化碳、一氧化碳、氨、氢、氧等挥发性物质以及尘埃物质混杂而成的一团“脏雪球”，水冰含量很大。彗星比小行星大得多，它们往往有长长的尾巴，像一把大扫帚。它们的体积很大，小的彗星直径也有13万千米。

彗星的密度很小，如果把最大的彗星压缩成同地壳密度相同的球体，它就变得只有一座小山丘那么大。

④ 矮行星不是小行星

矮行星的形状、体积与小行星不同。矮行星是围绕太阳运行，形状近乎球形，轨道附近区域尚未清空而又不属于卫星的天体。矮行星体积介于行星和小行星之间。

有些小行星的卫星跟小行星大小接近，这时人们称呼它们为“双小行星”。人们还发现了“三小行星系统”，即一颗小行星拥有两颗卫星。

为什么要探测小行星？

近些年来，人类对小行星的探测备受重视。比如，在1996年，美国开启国际首次小行星探测任务，发射了一颗绕飞小行星的探测器——尼尔·苏梅克号探测器，随后日本发射隼鸟号探测小行星糸川，之后又发射隼鸟二号探测小行星龙宫，并成功采样返回。人类探测小行星的意义是什么？接下来，我们来了解一下吧！

探测小行星意义多

探测小行星的意义有很多方面：首先，有利于研究太阳系起源和早期生命演化的历程，由于太阳系内地球、火星等大天体经历长期演化，早期遗迹已经丧失殆尽，而小行星演化程度低，堪称太阳系“化石”；其次，保卫地球的安宁，小行星有可能撞击地球，所以需研究它们的物质组成和轨道机制，消除

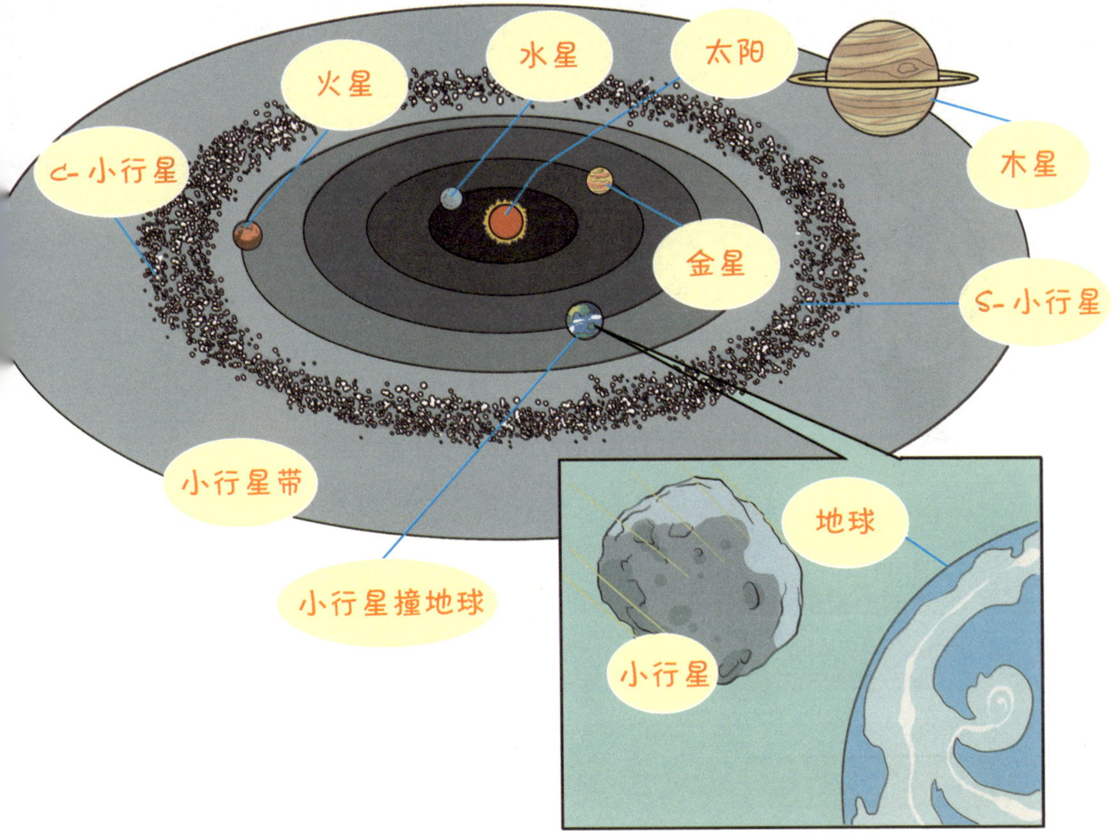

潜在威胁；第三，有利于推动技术进步，可以促进航天技术的发展；第四，资源开发前景广阔，小行星中蕴藏着丰富的矿产资源，是太空采矿的重要目标。

地球上的水和生命来自哪里？

有学者认为，地球上的生命来自彗星和小行星。它们有的也含有有机成分和水冰等物质。因此，对小行星的探测可以为研究地球生命的起源提供重要线索。

原来是这样

小行星的表面组成很不一样，根据光谱特性，小行星可分为C-小行星、S-小行星和M-小行星。它们各自有哪些特征？开采小行星有哪些价值呢？

1 C-小行星

C为英文carbonaceous的缩写，意思是含碳的。C-小行星占所有小行星的75%，是数量最多的小行星，一般分布在小行星带的外层，表面含碳，反照率非常低，只有0.05左右，一般认为它们的构成与碳质球粒陨石(一种石陨石)的构成一样。

2 S-小行星

S是英文stone的缩写，意思是含岩石。S-小行星占所有小行星的17%，是数量第二多的小行星，一般分布于小行星带的内层，反照率比较高，为0.15～0.25。它们的构成与普通球粒陨石（一般由硅化物组成）的类似。

3 M-小行星

M是英文metallic的缩写，意思是金属。除了C-小行星、S-小行星，剩下的小行星中大多数属于这一类。M-小行星可能是过去比较大的小行星的金属核，反照率与S-小行星类似，构成可能与镍-铁陨石类似。因此，M-小行星的金属元素含量非常丰富。

4 巨大的经济价值

小行星矿业将产生巨大的经济效益。比如，近地小行星2011UW158虽然体积只有600米×300米，但据科学家估计，它的核心含有1亿吨铂金，价值高达5万亿美元。而且，每年都会新发现很多小行星，这些资源可谓无限供应。

小行星引力小，资源开采难度相对较低，但它们自身轨道容易变化，或许在不久的将来，人类可以开采小行星，让小行星上的资源为人类所用。

探测器会不会撞到小行星？

看过小行星带示意图后，有些小朋友可能很疑惑：太阳系有那么多小行星，密密麻麻的，小行星探测器在飞行过程中会不会与小行星相撞呢？它如何避免这种情况的发生呢？下面我们来一探究竟吧！

空旷的小行星带

其实，我们完全不必担心探测器会与小行星发生碰撞。因为，太阳系的空间非常广阔，除非是探测器主动相撞。

以小行星带为例，虽然这里小行星很多，但直径都很小，而小行星带宽度为1.5天文单位。在如此巨大的空间分布几十万

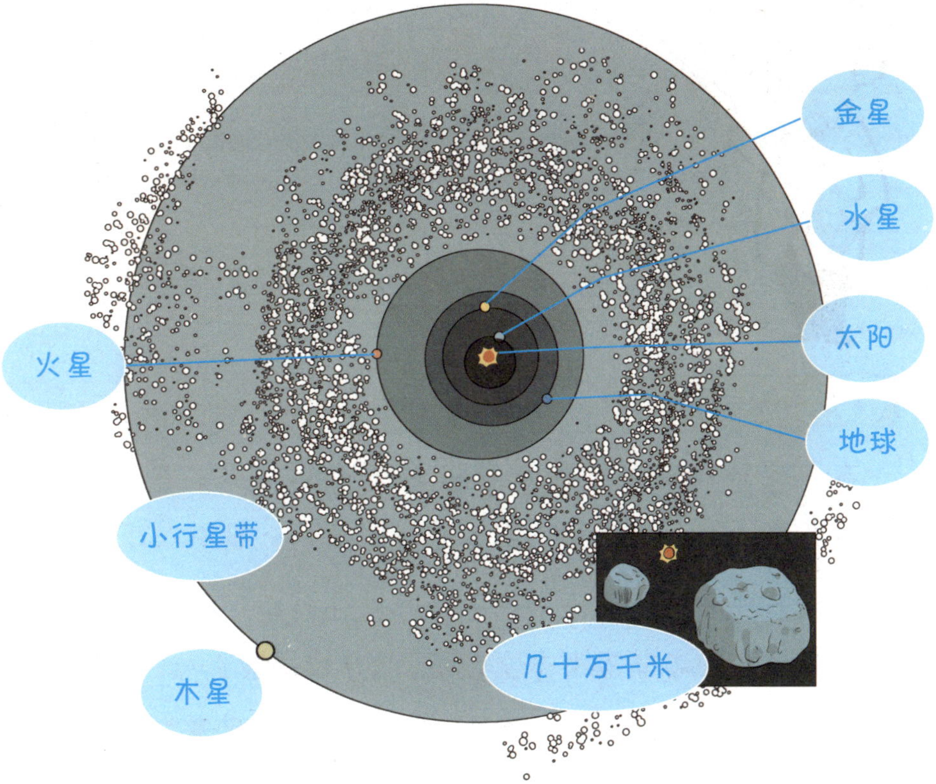

颗小行星，它们之间的距离非常遥远，大约每50万千米之间才会有一颗小行星，这可比地月距离还远。所以，探测器与小行星相撞的可能性几乎为零。

小行星不会与探测器相撞

科幻电影中会看到一些探测器被小行星撞击的场景，看起来非常激烈，实际上并没有发生过。

原来是这样

① 天文单位

天文单位是天文学中测量距离的单位之一，用AU表示，其长度约等于地球跟太阳的平均距离，一般用以计量太阳系中各天体间的距离。天体之间距离非常远，用千米或英里来表示这些距离非常不方便，而天文单位提供了一个方便的参考点，使天文学家能够更容易地比较天体之间的距离。

② 地月距离

地月距离指地球与月球之间的距离，包括月球与地球近地点的距离(约36万千米)、平均距离（约38万千米）、月球与地球远地点的距离（约40万千米）。

小行星带是典型的“地广人稀”，柯伊伯带也是如此，其他太空空间更是如此。再者，探测器体积、质量都比较小，也不会对其他小行星的飞行产生影响。

在小行星上着陆

探测器在绕飞小行星后，有的需要着陆小行星进行探测、取样。由于小行星一般体积比较小、自旋周期短，所以小行星着陆探测有引力环境弱、不确定性大、自旋速度快几个特点，比探测火星等大行星不确定性更大、环境更复杂。那么，探测器是如何着陆小行星的呢？接下来我们来了解一下吧！

如何着陆小行星？

探测器通过大范围转移制导与控制，到达待附着区域上方后，就离开绕飞轨道，开始下降，并不断调整飞行参数，使得它相对于小行星的横向速度为零，而只沿其纵向缓慢接近，最后安全、可靠、精确地降落到小行星表面。在这个过程中，探测器需要不断实时拍摄着陆区附近的照片，计算分析，检测障碍物等，以选择合适的着陆点和着陆附着策略。为了尽量减少和大石块的接触，探测器还会在下降过程中把两片太阳能板收拢成Y型。为了保障着陆器正常工作，还需要对着陆器采取固定的措施。

控制精度要求

由于小行星表面引力微弱，探测器与小行星表面稍有碰撞就存在逃逸风险，因此对着陆过程的控制精度要求很高。

原来是这样

为了着陆小行星，探测器会做哪些调整呢？又会用到什么技术呢？我们来看看吧！

1 横向速度

探测器着陆小行星的过程中，由于小行星不断自转和公转，探测器需要保证相对于小行星的横向速度为零，这样才能一直处于采样区上空中。

2 纵向速度

纵向速度是指探测器下降的速度。由于小行星重力比地球小很多，所以探测器没有着陆装置或在着陆时纵向速度不为零（速度不是很大的情况下），探测器也可能不会受损害。

3 激光测距

激光测距是指以激光器作为光源进行测距。有的探测器会携带激光测距仪，着陆采样时使用激光测距作为主导航定

位手段。在工作时，激光测距仪向目标射出激光，由光电元件接收目标反射的激光束，计时器测定激光束从发射到接收的时间，从而计算出从探测器到目标的距离。

4 自然特征跟踪技术

有的探测器使用自然特征跟踪技术给着陆导航定位。该方法是：在降落过程中，探测器不断拍摄着陆区附近的照片，并与已有的地形、影像数据做比较，匹配着陆区一带的特征石块作为地标，更新自己的实时位置、速度和计划采样位置。

即使小行星探测困难重重，需要探测器控制系统具有更高的智能和自主性，人类还是成功把探测器送到一些小行星表面并着陆。

小行星探测取样

探测器历经千辛万苦，终于接近了目标小行星，接下来便开始采样了。比如，2019年2月，日本探测器隼鸟二号接近小行星龙宫并采样，2020年10月，美国NASA宣称小行星采样探测器冥王号成功在小行星贝努上采集到岩石样本。探测器在小行星上采样具体有哪些方式呢？接下来我们来了解一下吧！

在小行星上“挖土”的方式

由于小行星是小天体，探测器只需近距离交会或伴飞即可实现接触小行星表面并采样。针对小行星表面采样，可考虑气体激励、超声波钻取、射弹撞击、胶带吸附、螺旋钻取和网罩夹取等多种不同形式。具体用哪种方式需要根据实际情况而

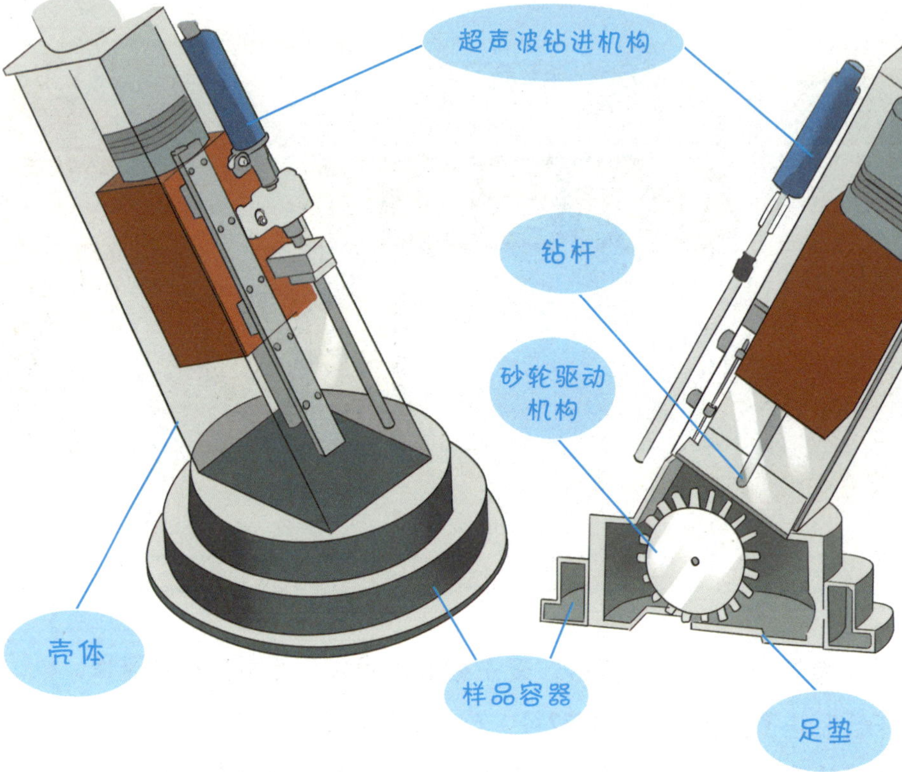

定。冥王号探测器便是采用气体激励的方式取样，它向贝努小行星表面发射高压氮气，使小行星表面碎屑流体化，然后用采样臂头部捕获气体扬起的物质。

样品的密封方式

完成采样后，还需要对样品进行转移、密封，使样品保持原始特性以及不受后续飞行过程的影响。密封方式有传统的密封圈、金属熔焊密封、金属挤压密封等，可采用一种或多种密封方式相结合。

原来是这样

在小行星上采样的方式多种多样，它们各自具体是怎么做的呢？有什么区别呢？我们来一一了解一下吧！

1 气体激励

气体激励即通过高压气流将小行星表面风化层与破岩碎屑吹进取样器完成采样。

2 超声波钻取

超声波钻取即用带超声波的钻具钻入小行星表面之下取样，钻具上的超声波可将岩石震碎。

3 射弹撞击

射弹撞击即采用弹丸射击或者撞击小行星表面的方法。由于小行星的引力微弱，用弹丸射击或者撞击小行星表面后，岩屑将被激起，于是探测器便可收集样本。

④ 胶带吸附

若小行星表面为比较松散的浮尘或较小的风化层颗粒，则可以利用胶带粘取(或吸附)的方式将表层物质收纳到胶带卷中，实现采集与收纳。

⑤ 螺旋钻取

螺旋钻取即用螺旋钻在小行星表面钻取样品，然后收集样品。

⑥ 网罩夹取

网罩夹取即释放网罩结构，收集样品。也有科学家研究，让探测器释放巨网，“捕获”整颗小行星。

在不同情况下，采用以上各种不同采样方式都能帮助探测器采样。在未来，人类将探索更多小行星，在小行星上“挖土”的方式也将更多。

把样本送回地球

2023年9月，装载着小行星贝努表面样本的冥王号探测器样本返回舱，成功降落在犹他州盐湖城附近。未来，科学家将对样品进行详尽的分析。那么，你有没有想过小行星探测器是如何把样品送回地球的呢？让我们揭开这层神秘的面纱，一起来看看吧！

探测器重返地球家园

探测器在小行星上成功采样后，由于小行星引力很小，探测器很容易在小行星上起飞离开。之后开始漫长的飞行过程，最后接近地球，来到大气层上。这时，探测器和装有样品的返回舱分离。之后返回舱以弹道式再入返回方式返回地面。在这个过程中，返回舱通过大气阻力作用和降落设备不断减速，最

返回地球后探测器的去向

在与样品返回舱分离后，有的探测器会继续开始新的探测任务，如冥王号探测器、隼鸟二号探测器，而有的探测器会在大气层中烧毁，如隼鸟号探测器。

终降落到地面上。

返回舱一般体积小、质量小，迎风面均采用球形或钝锥的外形，且所有的外形均为轴对称，并有防热结构。

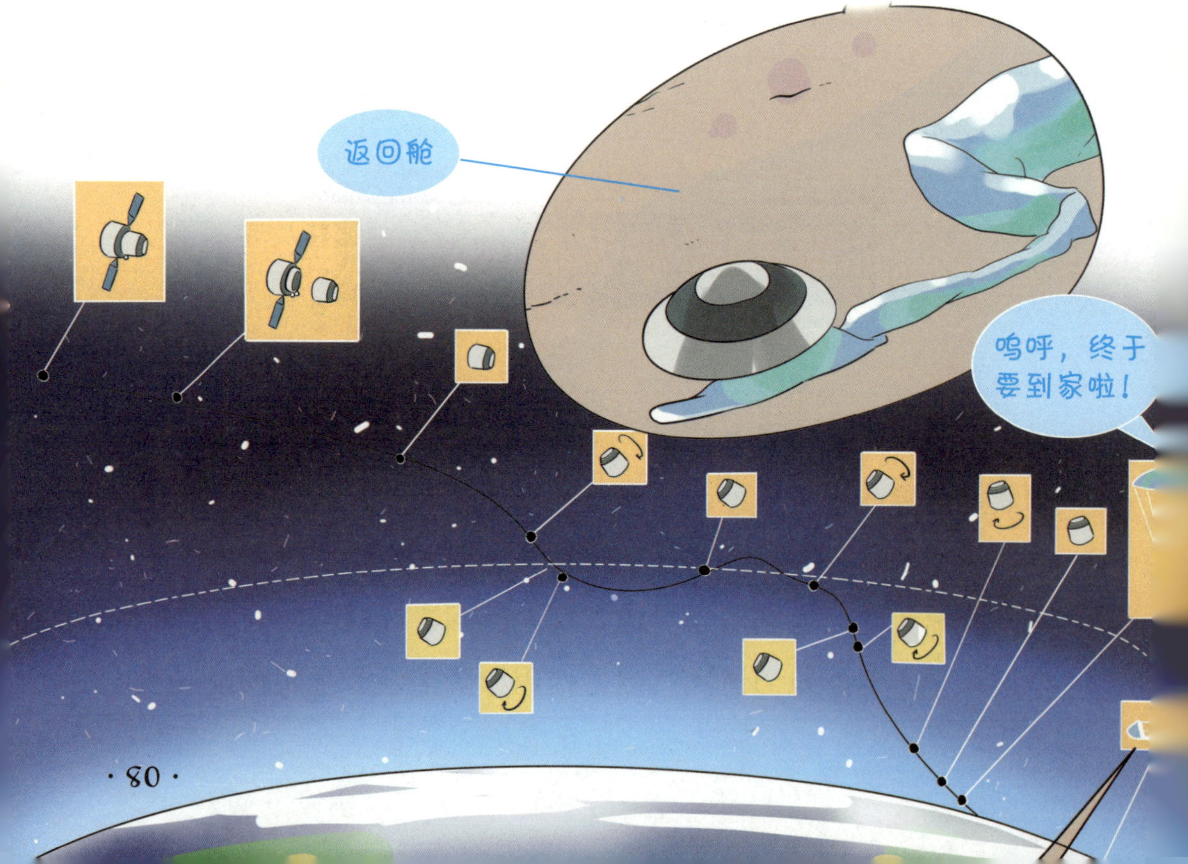

原来是这样

为了取得一点小行星样品，探测器可谓历经千辛万苦，可不能在重返地球这一步功亏一篑。为了使返回舱顺利着陆地球，使用了哪些技术和设备呢？

1 弹道式再入返回

深空无人采样返回计划都采用弹道式再入返回方式。在这种返回方式里，返回器再入飞行过程中受到的空气动力只有阻力，没有升力，或虽有升力，但对升力不加控制。返回器建立起再入前的飞行状态后，完全依赖地球引力的作用完成再入前的惯性飞行过程。无法进行落点控制，落点精度较差，但是可以通过地面落点预测减小回收的困难。

2 防热材料

当小行星探测器返回地球时，它的速度极快，几乎接近第二宇宙速度，进入大气层时会与大气层剧烈摩擦，产生极高的温度，为了不让返回舱着火，返回舱上设计了防热结

构，外层有防热（烧蚀）材料，这样它才能平安回家！

3 返回舱外形的选择

除了迎风面，返回舱多以球锥、锥台的组合形式出现，典型的气动外形包括球形、小钝头球锥组合、大钝头球锥组合+倒锥和球头倒锥等。这样可以减小在大气层内外的阻力，并提高在再入时的热防护和稳定性。

4 再入返回过程测控回收

为实现探测器与返回舱分离后对返回舱的遥测、遥控和跟踪测轨，以及回收着陆过程中的跟踪标位，需对返回舱配置相应的测控设备。

返回舱成功着陆地球后，科学家会迫不及待地取回样品进行研究。这有助于科学家了解小行星的物质构成、太阳系起源等信息，这远比远距离观测小行星直接有效得多。

开发小行星资源

根据对小行星的光谱观测，人类发现小行星中含有丰富的矿物资源，比如，有的小行星上含有丰富的铁、镍和钛，有的小行星含有丰富的挥发物资源，可用于制作氧化剂、推进剂、制冷剂等，还有的小行星上含有水资源等。那么，在未来，人类如何才能开采这些资源呢？我们一起来看看吧！

在小行星上采矿的方式

很多小行星的引力小到可以忽略，因此，开发小行星资源可以直接将采矿装置固定在小行星表面。由于小行星表面状态不一，有的是松软的，有的是坚固的，因此对于不同的小行星，固定方法也不一样。可以考虑打桩、抛锚，还可以先在小行星表面固定绳索，航天员在小行星表面活动要时刻抓住这些绳索。

若要对小行星进行表面采矿，应将收集到的物质包住，避免飞出。若要对小行星进行地下开采，一般使用双机器人系统进行钻探，一个钻头配备激光钻取矿物质，另一个机器人负责运输。

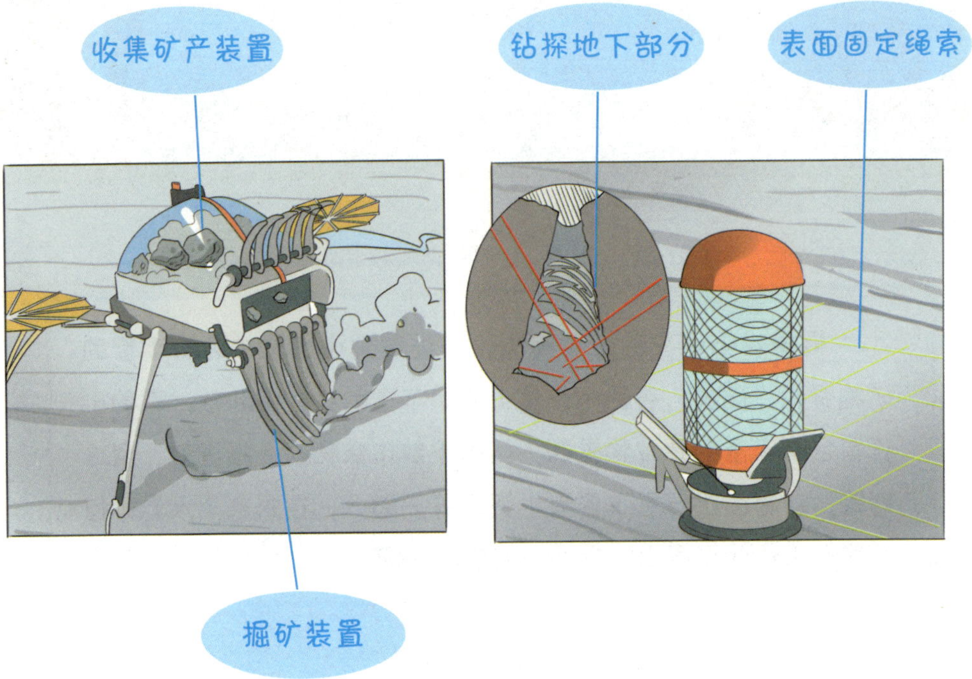

地下开采时注意点

当探测器采用地下开采技术时，有些小行星表面容易破碎，所以开采时力度要小，避免使用太大的力，应尽量少消耗有用的矿物。

原来是这样

为了未来能利用小行星上的资源，人类设想了很多方法。那么，在小行星上采矿的装置是如何发挥作用的呢？有哪些采矿设计呢？

1 挖矿装置

挖矿装置能对小行星表面物质进行铲取、钳取、耙取等，然后将采集到的物质送入收集装置。

2 激光钻取

激光具有高能量，可以用来打孔、采矿等。当高能激光作用于岩石表面时，能使岩石局部迅速受热膨胀，膨胀到一定程度发生破碎。

3 捕获小行星

捕获小行星有三种方式：对于富含水的小行星，用飞船捕获它；用特制机械抓住小行星表面突出部分，并把它拖拽到指定轨道；使用专用设施抓住小行星，然后改变它的

轨道，把它牵引到人类容易到达的轨道，之后对它进行取样、分析，若有开采价值则进行采矿。

4 建立小行星开采基地

对于富含资源的、比较大的小行星，可以在小行星表面选择合适的区域，建立开采基地，然后使用各种开采机械，对其进行较长时期的开采。

5 光学采矿

用可充气的大型装置使阳光聚焦在小行星表面，产生巨大热量，让小行星中的挥发性物质分离，然后使用特殊装置收集气体和水，并过滤掉尘埃。

对于小行星采矿，采用地下采矿技术可谓优点多多。它能比较容易控制挖掘出来的物质。采矿形成的空间还可能供人类使用，如居住和存储等。

漫游空间站

走！去空间站看看

我国航天员在地面经过一系列的测试、训练后，就会穿上航天服，携带各种装备，乘坐神州号飞船来到天宫空间站执行任务。我们是不是也想跟随航天员看看空间站是什么样子呢？空间站里面都有什么呢？下面，让我们一起看看吧！

空间站是个T型

我国空间站是一个T型，由天和核心舱、问天实验舱和梦天实验舱组成。天和核心舱位于中间，两个实验室就像它的耳朵，十分有趣。航天员乘坐飞船来到太空后，首先要与空间站完成交会对接，然后航天员从飞船的轨道舱进入空间站核心舱的节点舱，这样就算进入空间站了。

航天员进入核心舱的节点舱后，会看到鲜艳的五星红旗和

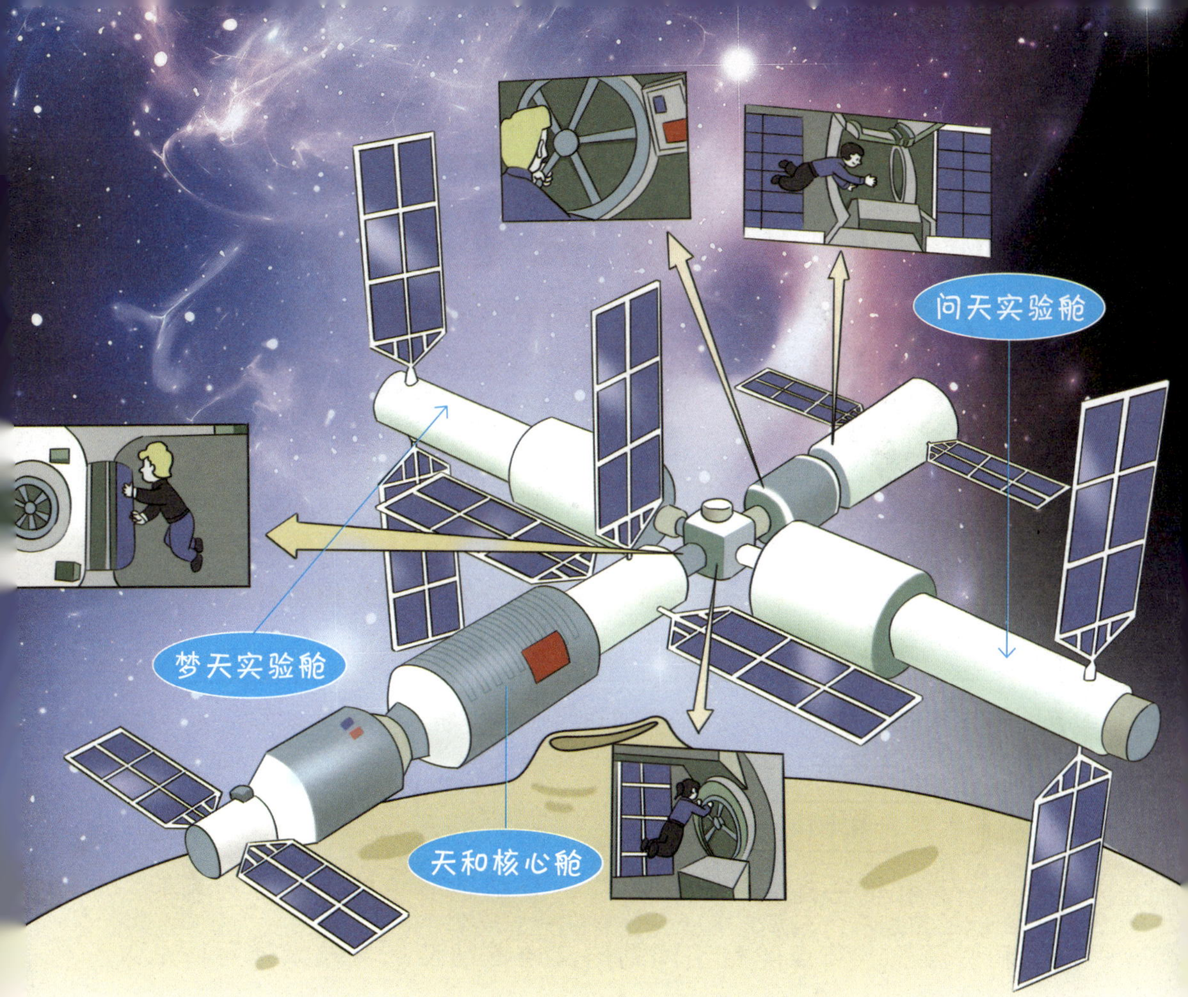

一个红色中国结，让人倍感亲切。节点舱四通八达，可以前往睡眠区、卫生区、就餐区、锻炼区和实验区等不同的舱段分区。航天员会在这里生活一段时间并完成各项实验和工作。

为什么要建造空间站呢？

了解、研究太空是一个漫长的过程，所以人们构想并建造空间站。有了空间站，航天员就可以长期“住”在太空，完成各项科学研究和实验了。

原来是这样

空间站好似一个庞然大物，这个庞然大物究竟是由哪些部分组成的呢？各部分都有什么作用呢？让我们一起来看一看吧！

1 天和核心舱

天和核心舱由三部分组成，分别是节点舱、生活控制舱和资源舱。节点舱是空间站的交通枢纽节点，航天员可以从节点舱出舱去太空；生活控制舱中有3个睡眠区，1个卫生区，1个锻炼区；资源舱用来放置燃料和发动机，也是接口和物资补给通道。

2 问天实验舱

问天实验舱由三部分组成，即工作舱、气闸舱和资源舱，主要用于辅助航天员出舱、开展空间科学实验、对空间站进行管理等。

3 梦天实验舱

梦天实验舱由四部分组成，即工作舱、载荷舱、货物气

闸舱和资源舱，主要用于开展空间科学、方便货物进出、参与空间站组合体管理，舱外的实验平台可进行生物学、空间物理学等各种实验。

4 再生式环控生保系统

两个实验舱中安装了再生式环境控制与生命保障系统（简称环控生保系统），它能保证舱内的各种资源循环利用，将航天员呼出的二氧化碳加氢气转化为水，水经过电解后再转化为氢气和氧气。氧气是航天员呼吸的根本，而氢气会回到再生式环控生保系统中，不断循环产生氧气和水。

问天实验舱与梦天实验舱是一对“孪生兄弟”，它们的“长相”差不多，不过，问天实验舱更多是为了开展各种工作，而梦天实验舱更多是为了方便搬运货物准备的。

我在太空种菜

2016年，神舟十一号飞船升空，将一批生菜种子带入了天宫二号空间实验室。而这些种子的用途就是在太空进行一场植物培育实验。经过航天员二十多天的努力，培养室中生长出了绿油油的生菜，植物培育实验取得圆满成功。这也是我国第一次在太空中人工栽培蔬菜。接下来，让我们一起来了解一下植物在太空实验室中是如何生长的吧！

太空植物的“小房子”

太空植物有一个专属的“小房子”——栽培装置，这个房子是一个白色箱体，由几块零件拼接而成，上面还配有监测器件，用来实时监测植物的生长情况。

栽培装置的顶部有光照灯，它是植物的“太空阳光”，有红、绿、蓝三种颜色，分别对应着不同的作用，共同促进植物的生长。由于太空中的环境与地球不同，地面的土壤不适宜太空植物生长，蛭石便接替了它的位置，成了“太空土壤”。

太空植物也要保持水分

播种后，航天员会在装置里铺放保鲜膜，它是植物的“保护罩”，用以防止水分大量流失。航天员还会定期用注射器向植物的根部注入水分，以保证太空植物的水分供给。

原来是这样

航天员用这些太空培育工具为太空植物搭建了一个安全舒适的“家”。那它们是如何运行的呢？让我们一起来看一看吧！

① 3D打印技术

栽培装置是由先进的3D打印设备采用尼龙性材质打印而成，既轻便又坚固。

② 蛭石

蛭石之所以能成为太空植物的栽培基质，是因为它具有很强的吸水性，水分在其中能均匀顺畅地传导，即使面对太空这种低重力环境，也可以为植物传输水分。

③ 保鲜膜

由于保鲜膜具有一定的封闭性，可以抑制水分蒸发，从而保证太空植物生长所需要的湿度。另外，它还具有透气性，不会阻碍空气的正常流通。因此，保鲜膜能够起到保护太空植物的作用。

4 多色灯光

由于植物对不同颜色的光吸收率不同，所以选用了多种颜色灯光照射。不过，经科学研究证明，植物对红光的吸收率更高，所以太空植物的灯光采用了偏红光的多色灯，从而促进太空植物对阳光的吸收。

5 注射器

使用注射器进行浇水，是为了利用注射器的注射机制来克服太空中的低重力环境与培养基质的坚硬质地所带来的不便，以使水分直接被注射到植物的根部，从而保证植物对水分的吸收率。

“太空种菜”看似简单，作用可不少，不仅能当作绿植景观调节航天员情绪，还能用来观察太空环境对植物生长发育的影响。另外，植物的光合作用、蒸腾作用对空间站空气循环和水循环都有着重要意义。

吃饭、喝水可不能少

在地球上，我们需要吃饭、喝水等来维持生命，到了空间站也需要吃饭、喝水，只不过在太空中吃饭、喝水的方式与在地球上大不相同。这究竟是怎么回事呢？难道航天员吃饭、喝水也要具备独特的技能？让我们一起去看一看吧！

吃饭、喝水很讲究

2003年，我国航天员杨利伟成功进入空间站，当时在太空吃的食物都比较“简陋”，如干燥的压缩食物，像牙膏一样挤进嘴里的食物。如今，科学家为航天员准备了各种特制的食物，如鱼香肉丝、宫保鸡丁、八宝饭等，还有各种调味品和饮品。科学家还研究了用特殊材料制作的微波炉，确保航天员能

吃上热乎乎的饭菜。在太空失重的环境中，航天员喝水是不能用杯子的，而是用吸管。

根据喜好定制食物

航天员在空间站时，身体状况会有一些变化，比如食欲不振，这会影响他们的工作效率和身体健康。为了保证他们的身体健康，科学家会让航天员们选择自己喜欢的食物，最后营养专家会据此搭配合理的膳食。

原来是这样

太空里吃饭、喝水的方式可是有着极高技术含量的，就连加热食物的工具、饮水的设备等都是特制的，让我们一起去看看吧！

1 饭要这样吃

航天员吃的饭基本上都是脱水的食物，都被制成了块状，航天员可以将包装袋里的食物捏到嘴里。太空餐桌、各种餐具都是有磁性的。如果在餐桌上吃，航天员需要将双脚固定在地板上，端碗吃饭的动作要轻柔，要一次夹住饭菜，快速将饭放到嘴里，否则饭可就“飞”走了。

2 失重的水果

在太空中所有的物品都处于失重状态，不止水果，航天员、各种物品在空间站中也是浮起来的。

3 太空微波炉

科学家们对微波炉中的磁控管、加热腔等核心零部件进行了升级，它不仅能加热食物，还具有极强的抗震动、抗冲

击的能力。

4 注水孔

装水的容器一端有一个注水孔，航天员用塑料吸管插入注水孔吸饮。

5 净水设备

饮水设备采用了薄膜净化技术，能根据航天员的要求对水质进行不同层次的过滤。而水在受热的情况下，会蒸发出水汽，这就是蒸馏水。在这一原理的启发下，我国科学家发明出了性能极高的太空净水设备，能将生活废水、尿液净化至饮用的级别。

一些人喜欢边吃饭边聊天，这个习惯在太空中是致命的。因为在失重环境下边吃边说话，食物碎末会飞出嘴外，飘得到处都是，并且航天员一不小心就会将残渣吸进鼻腔，如果呛进肺，就会威胁航天员的生命。

太空里的睡觉姿势

结束了一天的工作，我们会躺在床上，盖上被子美美地睡上一觉，而在空间站里，航天员睡觉不用床，也不用被子。那航天员怎么睡觉呢？让我们一起去看看吧！

千奇百怪的睡觉姿势

航天员有专门睡觉的地方，类似地球上的卧室，只不过这个卧室里什么都没有，只有一个睡袋——空间睡袋。航天员钻进睡袋后，将拉链拉上，戴上眼罩和耳塞后就能睡觉啦！

在失重的环境下，航天员无法掌控身体的方向，一不小心就到舱顶上睡觉了，甚至是站着、趴着睡觉，总之睡觉的姿势千奇百怪。为了睡个安稳觉，航天员会将自己的睡袋固定在一个硬垫子上，找到“躺”的感觉。航天员有了良好的休息，就能元气满满地投入每天的太空工作。

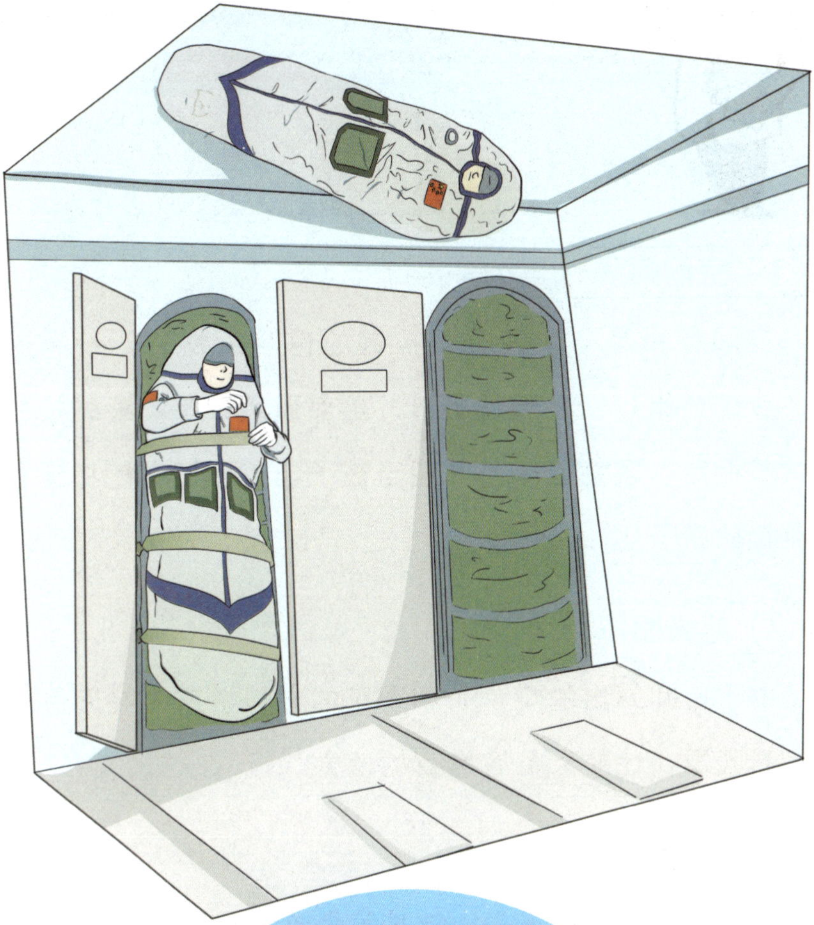

在空间站里睡“糊涂觉”

空间站每隔90分钟绕地球一圈，也就是说一天内可以看到十几次日出日落，航天员们无法“日出而作，日落而息”，只能按照时间来作息，所以睡的是“糊涂觉”。

原来是这样

1 空间睡袋

空间睡袋是一个具有长拉链的保暖织物袋，设有进出口、头部露出口、手臂伸出口、足部通风口等。睡袋按航天员身长而定，既能当床，又能当被子，上面还有能将睡袋拴在舱壁的带子。

2 遮光眼罩

由于空间站里的灯是长明不灭的，科学家为航天员配备了遮光眼罩，让航天员有黑夜的感觉。

3 耳塞

空间站中有很多设备，这些设备在工作时会产生较大的噪声，为了提高睡眠质量，航天员会戴耳塞睡觉。

航天员的卧室都是单独的空间，而且每间卧室都安装了隔音装置，保证航天员能在安静的环境下休息。

出舱活动真不简单

航天员适应空间站的各种环境之后，就要开始忙碌了，其中出舱活动就是较为重要的一项任务。他们会穿上航天服来到舱外，置身于茫茫宇宙之中。在太空中，出舱可是一项艰巨的任务。下面，我们一起来看看航天员是怎么来到舱外的。

繁杂的出舱活动

出舱活动是个大工程，航天员需要经历“六部曲”：穿舱外航天服，检查舱外航天服的气密性，检测航天员身体功能、氧气供应情况、通信设备等，气闸舱减压，打开舱门，出舱。由于舱内气压与地面相似，舱外是真空气压，两者相差太大，导致气闸舱舱门很难打开，因此出舱的时候就要对气闸舱内的压力进行调节。航天员出舱后，会在太空漫步几小时，在空间

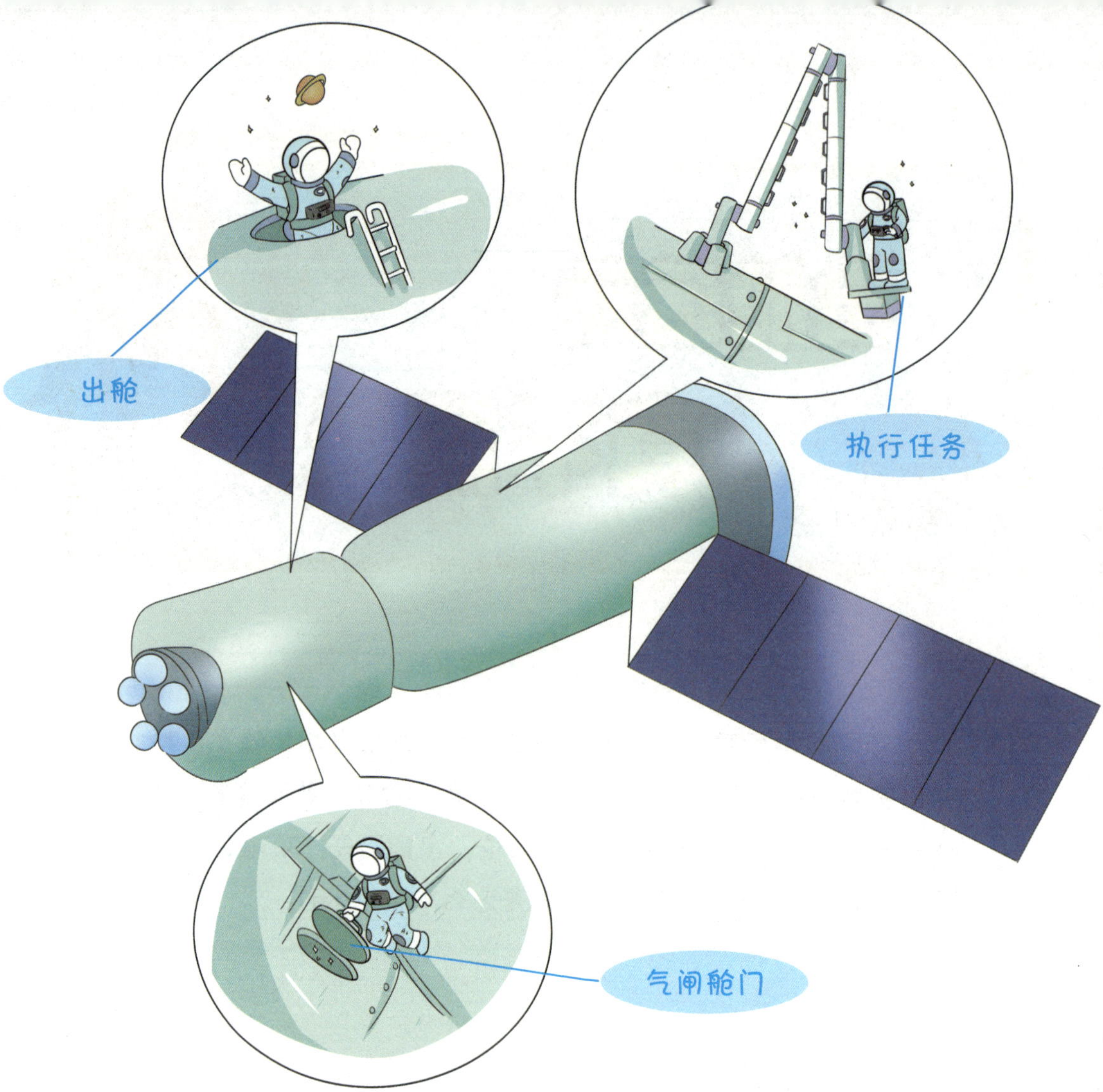

站机械臂支持下，完成实地测试新一代航天服、安装机械臂的脚挡、移动全景相机等既定的任务。

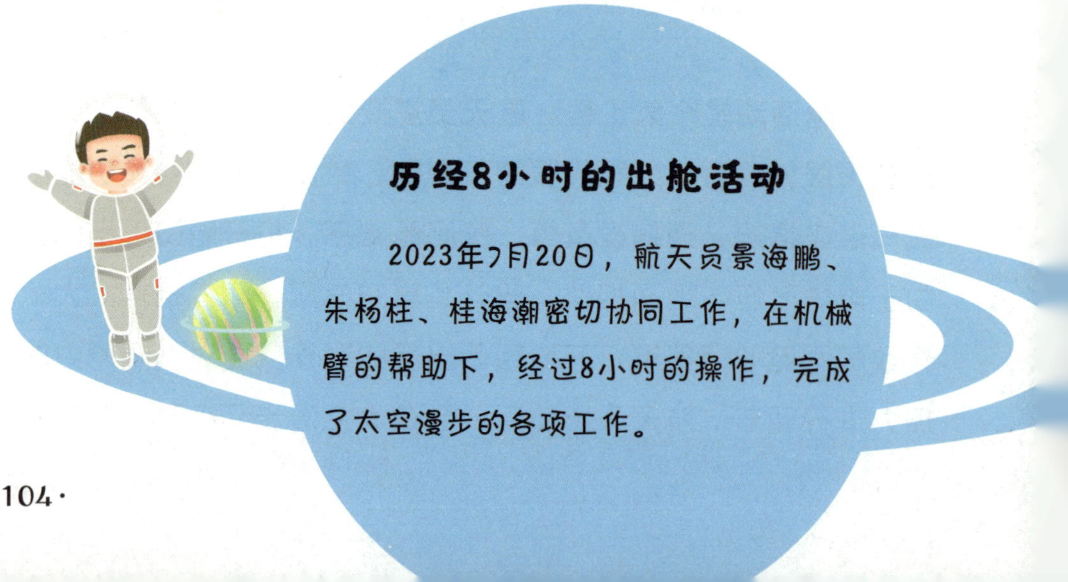

历经8小时的出舱活动

2023年7月20日，航天员景海鹏、朱杨柱、桂海潮密切协同工作，在机械臂的帮助下，经过8小时的操作，完成了太空漫步的各项工作。

原来是这样

出舱活动是航天员的主要任务之一，而在出舱前，航天员就要在气闸舱内经受考验；出舱后，还要完成各项任务，航天员更是要面临巨大的挑战。下面，就让我们一起看看这是怎么回事吧！

1 气闸舱

航天员要想去太空漫步，就必须要进入气闸舱，它是一种气密性装置，有两个气闸门，可采用电动装置打开，也可以手动打开，其中一个与返回舱连接——内闸门；另一个与太空连接——外闸门。

2 调节气闸舱压力

穿戴好航天服的航天员出舱前要先将气闸舱内的气体放掉，这是为了降低气闸舱内的压力。当舱内压力接近零时，航天员就能顺利打开外舱门，进入太空执行任务。航天员完成舱外活动返回气闸舱后，需要往气闸舱内填充气体，保证气闸舱内有1个标准大气压的压力，航天员才能顺利打开内舱门，进入返回舱。

③ 安装机械臂的脚挡

航天员在太空漫步过程中，需要对机械臂进行维护和维修，其中重要的一项是在机械臂上安装一个脚挡，方便航天员站在脚挡上执行相关工作。

④ 移动全景相机

空间站的外部安装了一个全景相机，可以看到空间站以外的各种情况，具有环境监测、监测破坏、观察航天员的出舱活动等功能，便于航天员对风险进行评估，并做出反应。但全景相机安装在紧贴核心舱的位置，这让它的观测范围受到限制，所以航天员出舱的另外一个工作就是移动全景相机，让它有一个理想的监测视角。

出舱活动是载人航天的一项关键技术，需要各种技术支持，同时也是在轨道上安装大型设备、维修航天器、施放卫星等的重要方式，所以这项工作显得尤为重要。

天宫课堂 开课啦

作为一名小学生，我们学的课程有很多，如语文、数学、自然等。那你听说过太空课堂吗？这可是航天员在空间站亲自授课，演示一些奇妙的太空知识。下面我们一起看看在这样新奇的课堂里，航天员会讲解哪些知识吧！

太空课堂课程表

2021年12月9日，第一节天宫课堂开讲，至今已经有4节课了。每次授课，地面的学生们与太空教师都会展开一场关于太空的旅程。让我们看看课程表里都有哪些课程吧！

第一节有太空细胞学研究实验展示、太空转身、水膜张力实验、水球光学实验、泡腾片实验等内容；第二节有太空“冰雪”实验、液桥演示实验、水油分离实验、太空抛物实验等；第三节有毛细效应实验、水球变“懒”实验、植物生长研究项目等内容；第四节有奇妙乒乓球实验、动量守恒实验、又见陀螺实验等内容。

性能极强的巡天号光学舱

2013年6月11日，我国航天员王亚平飞上太空，同年6月20日在航天员聂海胜等人的帮助下，王亚平完成了我国首次太空授课，成为我国第一位太空教师。2021年，王亚平再次进入空间站，并在太空授课。

原来是这样

天宫课堂开课以后吸引了大批学生，那这个课堂有什么魅力呢？航天员都讲解了哪些知识呢？让我们一起去看看吧！

1 奇妙“乒乓球”实验

在空间站里，用一个裹着干毛巾的乒乓球拍去触碰空中的水球，水球不仅没有破裂，反而粘在了乒乓球拍上，而轻轻用乒乓球拍碰水球，水球就像乒乓球一样弹开了。这是因为水球表面的张力让其不容易破裂，再加上毛巾表面有着疏水的微绒毛，具有良好的疏水性，这让水球成了“乒乓球”。

2 水膜实验

在太空中，将一个金属圈插入饮水袋中，再慢慢将金属圈从水袋中抽出来，这时候你就会看到一个被抽出来的水膜，接下来再把一个花朵形的折纸贴在水膜上，我们就会看到绽放的花朵。在太空中，液体表面分子在表面张力作用下，水滴呈现球形，花朵逐渐展开。

③ 泡腾片实验

在水球中注入蓝色液体，将其变成一个蓝色水球，然后把泡腾片放入其中，因为泡腾片中含有弱酸，弱酸遇水后会产生气泡，在太空失重的情况下，气泡会均匀地散开，形成蓝色的气泡水球。

④ 太空转身实验

航天员在太空转身时，身体上下旋转的方向是不同的。如果上半身左转，下半身就会右转；当手臂左转时，其他部位就会右转。这是因为空间站里没有压力和摩擦力，而转动身体需要一个着力点，这就是动量守恒的物理现象。

太空授课的地面课堂有五个，分别在北京、内蒙古阿拉善盟、陕西延安、安徽桐城及浙江宁波，地面课堂里的学生可以向空间站里的航天员老师提问，航天员老师会一一解答。

畅想未来 空间站

我国空间站受到越来越多的关注，甚至人们已经开始设想未来空间站应该如何建设，应该扩大哪方面的利用，等等。未来空间站不仅会是探索外太空的有力工具，我们或许还可以通过它到外太空旅游呢！快来开动你的脑筋想一想，未来的空间站是什么样的吧！

一起期待未来空间站吧

我国空间站已实现三人长期留驻，六人短期留驻，未来在空间站的人数可能会越来越多。空间站会成为航天员的常驻基地，还可以为地球上的人类提供太空旅游服务，人们在空间站里就能看到美丽的景色。还会为人们设置特定的太空酒店，在酒店里躺一天就能欣赏16次日出日落。游客还能体验在太空种菜，亲自动手做实验，在工厂里制作材料，等等，这些都是我们向往的。

相信我国未来的空间站将成为人类探索太空、展现科技实力的骄傲之作，让我们一起期待未来的奇迹吧！

中转站

目前，除了地球，火星是最适合人类居住的星球，说不定空间站还是我们前往火星生活的中转站呢！我们可以在这里短暂休息一下，然后继续出发去火星。

原来是这样

如今，空间站的模样和功能，我们已经了解得很清楚了，那你知道未来空间站会发展成什么样吗？它又有哪些作用呢？快开动你的脑筋想一想吧！

1 太空酒店

在未来，空间站里可能会开设太空酒店，只不过这个酒店会开在近地轨道上，这样一来，酒店里的住客每隔90分钟就能看到一次日出和日落。只不过，入住这样的酒店对住客有一定的要求：首先，要接受像航天员一样的训练，以应对各种情况；其次，住客还要有充足的资金，毕竟去趟太空的花费是很高的。

2 太空旅游

随着人类生活水平的提高和科学技术的提升，未来太空旅游将成为人类休闲、娱乐的方式之一。人们穿上航天服，搭乘航天飞机来到空间站，在这里，我们能看到地球上任何

一处的建筑、动物、植物等美景。

3 改变舱内格局

在未来，空间站内的舱室会有所增加，常驻的航天员也会相应增加，而实验舱的数量也会因满足不同实验的需求而增加至多个，推动我国在外太空的科学事业的发展。

4 改善生活环境

在未来，我国科学家会改变空间站里的各项设备，引进先进的生命支持技术、完善食品供应系统和水循环系统，在保障航天员生命安全的前提下，让他们在太空中的生活更加舒适，能炒菜、蒸饭，能躺在床上睡觉等。

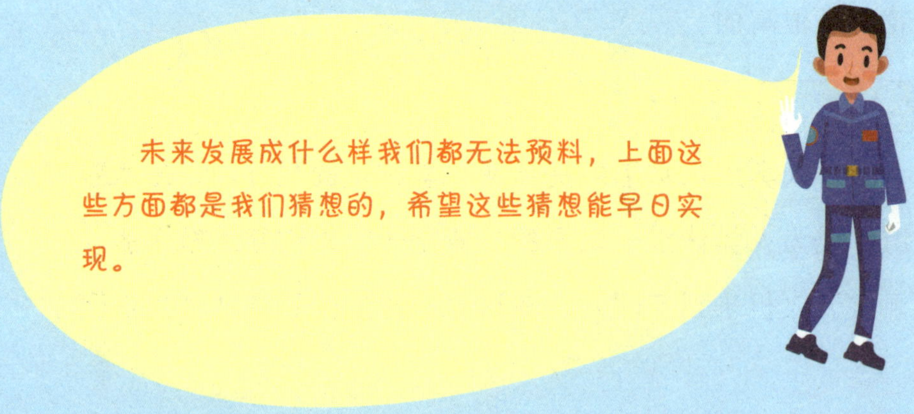